好菜如花

一日一蔬

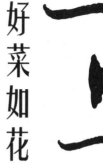

花君

······◆······

著

中国轻工业出版社

图书在版编目（CIP）数据

一日一蔬　好菜如花 / 厨花君著 . — 北京：中国轻工业出版社，2021.4

ISBN 978-7-5184-3390-2

Ⅰ. ①一… Ⅱ. ①厨… Ⅲ. ① 蔬菜 – 基本知识 Ⅳ. ① S63

中国版本图书馆 CIP 数据核字（2021）第 027009 号

责任编辑：巴丽华　　　　　责任终审：劳国强　　　　　封面设计：赵宏扬
版式设计：赵宏扬　　　　　责任校对：朱燕春　　　　　责任监印：张京华

出版发行：中国轻工业出版社（北京东长安街 6 号，邮编：100740）

印　　刷：北京博海升彩色印刷有限公司

经　　销：各地新华书店

版　　次：2021 年 4 月第 1 版第 1 次印刷

开　　本：889×1194　　1/32　　印张：8

字　　数：150 千字

书　　号：ISBN 978-7-5184-3390-2　　　　　定价：68.00 元

邮购电话：010-65241695

发行电话：010-85119835　传真：85113293

网　　址：http://www.chlip.com.cn

Emai l：club@chlip.com.cn

如发现图书残缺请与我社邮购联系调换

201111S6X101ZBW

我的梦想花园

我的梦想花园是什么样子？

它有着亲切的面貌。走进这里像回家一样，泥土的气息与花朵的芬芳交织，狗吠，猫叫，鸟鸣，昆虫振翅的声音，将喧嚣的城市生活挡在身后。

它有着自然的节奏，我不强求四季繁花，时时丰收。跟着时令的步伐，春种秋收，冬天就让它荒芜一片，在凛冽的北风里，我们可以清零再来。

最关键的，它不能只是一个具有欣赏价值的花园，我希望它既具有生活实用性，能源源不断地提供丰富的食材和花材；又能够与个人的精神世界相通，植物之美与文化内涵并存，时刻滋养身心。

这样想的人不止我一个，所以，可食花园（Edible Garden）已然是现代花园的一个重要类型，还衍生出了可食地景（Edible Landscaping）、食物森林（Food Forest）之类的概念。花园、地景与森林的本质并没有改变，但是大量可食用植物的引种，让它们呈现出与传统不同的气质。

以可食花园为例，BBC 在 2010 年推出了一部同名纪录片，主持人 Alys Fowler 在自己的小花园里，营造了一个满足无数现代人梦想的天堂。尝尝这刚摘下来的新鲜甜豌豆、熟到恰好的草莓，还有这里摘一把那里摘一把就能凑出的丰盛沙拉……

10 年过去了，我的可食花园也初见雏形。在北京郊区的两亩地上，种植着那些曾在园艺节目里看到的新奇蔬果：树莓、醋栗、大黄、羽衣甘蓝、红花菜豆、芦笋、各种香草；也种植着从身边找到的古老乡土品种，菜瓜、洋姜、藿香、瓜蒌、地肤，无论来自哪里，习性如何，在这里，它们都以一种和谐的方式共处，组成了一个蓬勃自然的小天地，成为我的世外桃源。

不过，相较于"可食花园"这个词，我更喜欢用与之类似的"厨房花园 (Kitchen Garden)"这个名字，感觉更为温暖。厨房和花园，现代人生活里最能令人放松下来的两个空间，对应的是身体和心灵。无论是解读成花园为厨房而营造，还是解读成将厨房打造成一座花园，都是很愉快的画面。

厨花君

2021 年 3 月

Part 4 · 丰盛之秋   **135**

夏去秋来，菜园里又是一番新气象。

Chapter 5 ◇ **暑气渐消**   136

Part 1

从蔬菜中探寻生活之美

司空见惯的蔬菜，是连接我们与大自然的纽带。

司空见惯的蔬菜，是连接我们与大自然的纽带。

该如何定义蔬菜？

能吃的植物的茎、叶、枝、根、果实？

当你真正身处一座厨房花园，或者会有另一种理解。这里生长的植物，有质地多样的叶片，颜色百变的花朵，形态各异的果实。它们或独具芬芳，或清新爽口，或甜美可人。从初春到深秋，蓬勃地生长着，将自然的能量转化为可以吃的花、叶、茎、果，再传递给人类。

对我而言，它们的身份并不仅仅是食材。

蔬菜之形

用尽世间所有的色彩，
也描绘不出一片真正的菜叶。

走近长在土地上的蔬菜，
感受自然的生机。

　　观察蔬菜是一件非常有意思的事情，这些以食用为主要用途的植物，在人类的高度干预下，呈现了在自然界中很难演化出的面貌。

◇　在 19 世纪的摩拉维亚，孟德尔已经可以轻易找到 34 种豌豆。不知他是否对这种豆荚上带有迷人嫣红的品种格外注意？

◇　同样是不走寻常路，这个浅柠檬黄色的豌豆品种，则像一条条明亮的小溪，流淌在绿叶间。

使用蔬菜来进行花艺创作，妙趣横生。

　　谁说插花一定要使用花材呢？在菜园里就地取材，会获得更多的惊喜。

◇　蛋茄刚结果的时候是白色的，成熟以后就会变成温暖的黄色，并且会保持这个样貌很久，是无须任何搭配的秋日花材。

◇　万寿菊可以一直开到霜降，它就是植物界的"7-11"，随时提供着美丽的小野花。

◇　桂枝香和旱金莲，组合在芬达汽水罐里，这就是被点燃的初夏啊。

◇　不请自来的野牵牛花，繁盛得令人无法相信，插在朴素的木碗里，鲜艳的花朵和沉稳的木纹之间达成了奇妙的和谐。

一花一世界，
如何走进这奇妙的世界？

追踪着桔梗花的开放过程，像是默默地旁观了陌生朋友的一生。

◇ 从含苞到待放，从淡绿到深紫，桔梗花开的过程极其有趣。

◇ 某一刻，蓝色的星星悄悄地打开了一道小门。

◇ 清凉宁静的花，在我的案头演绎了一幕生命的戏剧。

◇ 昨天的花谢了，今天的花开了，桔梗的繁华是人类无法模仿的。

蔬菜之用

人类与蔬菜的关系，
并不是简单的食物链上游与下游的
关系啊。

制作新鲜美味的
三餐吧！

不可一日无此君，君者，菜蔬也。

◇　5月，蒲公英茂盛生长，持续开出黄色的花朵。

◇　采摘它的叶片和花朵，做成口感清新的春季风味。

◇　金盏花能够从4月一直开到11月，只在夏天稍作休息。

◇　将具有浓郁蛋香的花朵，以开水冲泡，这杯茶，可以一直喝下去。

生活美学的尝试，在蔬菜的加持下随时可以实现。

用蔬菜来作画，是小朋友也可以轻松胜任的美术游戏。

◇　肥壮的西芹，上面的部分吃掉，留下稍多一点的根部，蘸取颜料，就可以随时开始。

◇　留在布料上的印记，让人不由地联想到：西芹难道是玫瑰的前世？

　　随便采撷的小花小草，只需要在冰箱里打个转，就能在夏天带来无穷的趣味和十足的清凉。

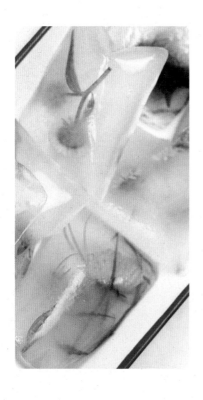

◇　以黄花月见草、芥菜花、旋覆花等香草制作的消暑野花冰块。

蔬菜之蕴

与其说是对蔬菜的探究，
不如说是对古老历史与异域文明的
好奇和追索。

溯源文化，"古老"的蔬菜会告诉我们什么？

翻开《诗经》，就像走近了先秦古人的餐桌，诗三百，不仅仅是思无邪，更是那个时代忠实的生活记录。

◇ "中田有庐，疆场有瓜。是剥是菹，献之皇祖。"——《小雅·信南山》，庐、芦菔、莱菔、萝卜，这四个名字就是一段历史。

◇ "采苓采苓，首阳之巅。人之为言，苟亦无信。"——《唐风·采苓》，苓不是茯苓，而是一味名气更大的中药，地黄。

◇ "七月食瓜，八月断壶，九月叔苴，采荼薪樗，食我农夫。"——《豳风·七月》，直至今天，源自先秦时代的古老菜瓜还在我们的乡间种植着。

◇ "采采芣苢，薄言采之。采采芣苢，薄言有之。"——《周南·芣苢》，简单的一句诗，将千年之前车前子的繁盛带到眼前。

东西交流，
小小蔬菜漂洋过海。

　　在蔬菜物种交流这件事情上，中国是出得少进得多，并非物产不丰富，而是因为我们对于可以入口的植物有着非凡的热情。

◇　大黄一度是欧洲人从中国进口的重要经济作物，之后，它跃上了餐桌，实现了从药材到食材的蜕变。

◇　中国和日本，世界上少有的将慈姑列入常规蔬菜的国家，不用问，日本的慈姑是从中国传过去的。

◇　南瓜被认为是古老的乡间蔬菜，其实在 500 年前，它才通过欧洲冒险家之手，从美洲来到中国。

◇　原产于地中海沿岸的甘蓝，现在已经在世界各地繁衍成品种众多的蔬菜家族了。

世界大同，
在小小的菜园里实现了。

比音乐、舞蹈和建筑更能够穿透文化壁障的，是美食。

◇　左边是来自南美洲的旱金莲，中间的白色小花是它的老乡牛膝菊，右边是原产于东南亚的香茅，后景是源自非洲的鸡冠花。而今天，它们都在北京郊区的一个厨房花园里，共同生长。

Part 2

夜雨入春蔬

万物生长之季，春蔬繁盛。

"偶与儿曹翻故纸，共看诗句煮春蔬。"

◇

杨万里的这句诗，按现代人的解读，就是把寻常日子过成诗。

　　几百年过去了，随着社会经济的大发展，这种根植于土地的精致优雅，反而离我们越来越远了。

　　跟随四季，从餐桌的寻常食材开始，体察自然之美，追寻生活之美。

Chapter 1 | **初春风物**

◆ 冬去春来，田间草长，枝头花开，体察季节转换时
  的微妙迹象，品味这最令人期盼的春光。

芋头发新绿

做人要有突出的优势，做蔬菜也是，芋头因为古人的一声惊呼，就此走上餐桌。

芋这个字从何而来？

你可能想不到，它从古人的一声惊呼而来。

《说文解字·艸（cǎo）部》说它"大叶实根，骇人，故谓之芋也"。远古时代，先民们偶然间从郊野里挖到了几个芋头，被它的巨大震惊了，发出了"吁"的感叹声，所以，这种食材就被命名为芋。

我猜这群先民应该居住在长江流域或更往南的地方，因为芋头既喜欢温暖又喜欢潮湿，只有少数旱芋品种能够在华北地区种植，而且口感据说也不如水芋好。芋这种植物又气派又有趣，实在值得一种，放在蔬菜花境里，是很好的中心植物担当。

越往南，芋头长得越大。广西有著名的荔浦芋，大如人头，第一次见到多半要吓一跳。而长江流域多种的是多子芋，小巧的长圆形芋头簇群而生，用白水煮来吃就很香。晚年隐居浙江乡间的陆游说："烹栗煨芋魁，味美敌熊蹯（fán）。"就是说栗子和芋头比熊掌还好吃。

一日一蔬，生活美学

见此图标 微信扫码
趣味插花 植物美学 种菜吃菜的学问

◇ **芋头盆栽**

冬季，人们总是希望家里多一点绿意，看腻了常见的室内观赏绿植，可以自己动手 DIY 芋头盆栽。

做法超级简单，挑选几个健康的小芋头，摆在好看的盆器里，倒入少许清水，放在有阳光的地方，没几天，就能看见充满情趣的绿叶长出来，配着憨厚的芋头根，既养眼又有范儿。

清白如斯奶白菜

~~~~~

作为小白菜的一个培育变种，叶片青白相映的奶白菜在颜值上遥遥领先，口感也毫不逊色。

菠萝波罗蜜

~~~~~

文艺复兴时的欧洲，唯有财力雄厚的大贵族，才可能搭建暖房种植菠萝，而现在，它已经成为寻常家庭常见的水果。吃掉果实部分，菠萝头还可以留下来当成趣味盆栽的材料。

沿河望柳

渴盼春天的心情，在一句"五九六九，沿河望柳"中表露无余。

冬春交际，人们渴盼绿色的心情分外强烈，"五九六九，沿河望柳"这句民间口口相传的谚语，真的是描述得相当准确而生动了，一个望字，将心情表达得淋漓尽致。

华北的春分之后，柳树是真的可以望起来了，就像韩愈的名句"草色遥看近却无"，若有若无的一抹春，仔细去找是不容易找到的，就在有意无意间映入眼帘，柳色也是如此。

再过几天，淡绿色的花苞就能涨得鼓鼓的了，慢慢的，柳芽儿长出两三片叶子，像毛毛虫一样的花朵进入开放状态，这就是柳芽的最佳食用状态，看着特别肥美。难怪旧时农家以此物为度荒野菜，采来焯水后凉拌，清热去火。

普通人看着这花，只觉得像毛毛虫，而在植物学者眼里，却有另一种解读，他们把这类花轴较小的单性穗状花，命名为柔荑花序，听这名字瞬间就感觉风雅起来了。

不管叫什么名字，植物开花只有一个目——繁衍后代。但是柳花的颜色不显眼，又没有浓郁的香气，再加上花期处于早春，蜂蝶尚未出来活动，所以，它们选择了最价廉物美的春风作为传粉媒介。

种子熟了，花朵脱落，一粒粒细小的种子驾着大团的绒毛，脱离母体，奔向更广阔的世界，人类将这种集中性、大规模的传播活动称作"飘柳絮"。

下一个春天，当你被满天飞舞的柳絮所扰的时候，联想起这是一群活泼的小朋友驾风去往远方，心情是否会美好一些呢？

◇　插在水中没两天，嫩绿的柳叶就展开了，难怪古人要说无心插柳柳荫。

◇　细看柳树的花序，鲜嫩娇俏，一点也不输于其他花朵。

春江水暖，马唐草先知

小人物亦有大能量。

经历了一个漫长的寒冬，看见田间杂草马唐草都觉得它眉清目秀的。

马唐草，又名马饭草，因为它"节节有根，着土如结缕草，堪饲马。"而且尝起来还有点甜滋滋的——不知道是哪个闲人尝的。甜和糖就扯上了关系，叫马糖草又有点太诱人，于是就成了马唐草。

将马唐草的茎梗洗净了放到嘴里嚼一嚼，还真有种清甜的感觉，古人诚不余欺也。

马唐草是分布非常广的田间杂草。虽然是杂草，但是我并不太讨厌它，因为它除起来比较方便，虽然非常大棵。但根很浅。下过雨或者是刚浇过水的田间，揪着叶子就能够将之连根拔起。比起牢牢扒在土里的田间恶霸牛筋草来，马唐草就是个"战五渣"。

可能是发现了自己的这个缺陷，马唐草进化出另一种技能，它会迅速地延展自己的草茎，一节节地向前延伸，并且每一节点处都会生根，尽可能地扎入土壤。在除草的时候，只要有一节残存下来，很快就能重新发育成一大株马唐草。

由于它根浅、延展性好，现在很多有机果园，都尝试用它来作为地面植被，从而抑制深根类野草的生长，也有利于土壤浅层保水。

还记得那句话吗？"没有野草，只有长错了地方的植物。"对马唐草的认识和应用就很能说明这句话的正确性。

◇　虽然刚刚萌发，但马唐草已经展示出它四处扩张的野心。

◇　早春万物复苏，艾草也是最早发芽的植物之一。

荸荠生虎须

沉默地积蓄营养，为未来保持最大的可能。

初冬收获的荸荠，很耐储存。如果开春想尝试荸荠盆栽，那么隆冬时节就可以催芽了。

放在有清水的容器里，遮光，保持温度在 10°C 以上，过十天左右，就能看到荸荠努力地憋出了几根新芽，像种荷花、种藕一样，埋到有塘泥的小缸里，就能拥有一片迷你的江南池塘风光了。

荸荠古名凫茈，有着悠久的种植历史，古人形容它"苗似龙须而细"。然而，龙须都是软而弯曲的，荸荠的"叶子"挺拔又细长，哪里像龙须？形容成虎须更确切，猫须也可以，再不然，鼠须？

这些像虎须一样的"叶子"，其实是荸荠的茎，它的叶子已经退化成一层棕色的薄膜，附着在茎的底部，很多挺水植物都有这样的特性。

这样的盆栽，秋天能不能收获一窝荸荠不好说，至少可以把它当水景植物观赏一整个夏天。

蒜黄束薪

蒜黄的生长环境看似绝境，也许是另一片广袤无人的蓝海。

韭黄、蒜黄、黄芽菜，这几种菜是北方冬天常见的时令风味，尤以蒜黄多见。

韭黄和蒜黄乍看不太好区分，因为它们都是细长的嫩黄色茎叶。但是，蒜黄的生产难度要低很多，因为它只需要在地窖里，用蒜瓣堆码，然后洒清水，就能够长出蒜黄。但是韭黄需要用韭菜根种植。

所以，韭黄贵，蒜黄便宜，这也是生产成本决定的。

不管哪种"黄"，栽培原理都是一样的，要在刻意制造的避光环境中催生植物根茎萌发，长出因缺少光合作用而呈现嫩黄色的叶片，以供食用。用通俗的话来说，就是"摸黑"种菜。

李时珍在《本草纲目》中就详细记录了这种方式："燕京圃人将菘菜加马粪等入窖壅培，不见风日，长出苗叶皆嫩黄色，脆美无渣，谓之黄芽菜，豪贵以为嘉品，盖亦仿韭黄之法也。"

李时珍所提到的"韭黄之法"在元代就已经很普及了，大致方式是深秋时将韭菜连根挖出，移在地窖内种植，厚厚的覆盖一层马粪（或草木灰），用马粪的原因是它容易发酵，在发酵时能有效升温，促使韭根萌发。

为什么总是强调马粪，牛粪不行吗？还真不行。

牛粪在大家畜的排泄物中，有机质是最低的，而且含水多，所以分解慢，发热量也低；而马因为挑食，所以吃得比较好，便便的"含金量"也高，含水少易发酵，属于热性肥料。

所以，一朵鲜花可以插在牛粪上，但不能插马粪上，因为会被肥烧死的。

◇　因为不见光，所以蒜黄整体呈现一种诱人的嫩黄色。

◇　蒜瓣只要放在稍微湿润点的地方，就会自动发出须根。

春波碧

小人物也有大梦想，一根小菠菜，也走过遥远的征途。

贞观二十一年，尼泊尔国进献了三种新鲜的蔬菜，其中主打的就是菠菜，当时它叫波棱菜。"泥钵罗献波棱菜，类红蓝，实如蒺藜，火熟之能益食味。"

泥钵罗是当时对尼泊尔的称呼。类红蓝，指的是它长得很像蓝草，即板蓝根。实如蒺藜，指的是它的种子刺手，像个蒺藜——如果你种过冬菠菜，对它那扎手的种子一定会留下深刻印象。

波棱菜则指的是波陵国所产的蔬菜，后来的研究者考证，这个国家在当时的印度南部。

　　但有趣的是，波陵国的这种蔬菜，并不是他们的本国原产，而是从波斯帝国传过去的。从波斯，到印度，到尼泊尔，再到大唐，这就是一株小菠菜遥远的征途。

　　按理说，这样一种来历非凡的蔬菜，应该很受大唐子民的欢迎，但很遗憾，没有。原因已无从考究，可能是因为它的长相奇特，或者口感略涩，所以，它没有被当成家常蔬菜而是被当成了药用植物。在唐代的食疗著作《食疗本草》中，就说它"利五脏，通肠胃，解酒毒"。

　　一直到了宋代，菠菜才被热爱生活的吃货们重新发掘出价值，一跃成为餐桌上的"常客"。

◇　俗称红嘴绿鹦哥的菠菜，红色的根营养价值最高。

◇　不耐热的菠菜，在春秋两季种植口感最为肥美。

当头棒喝樱桃木

春天来了，捡了一截果园疏枝的樱桃木，看着不动声色的表皮下，已经有充满生机的绿色了。

杏花闹春

早，才能占得先机。

杏花开得早，杏子结得也早，过了五一就开始陆续成熟了，把它的小伙伴们远远地甩在后面。

李子6月熟，桃7月熟，苹果和梨就更要等到初秋才能谈得上收获了。

当年亚历山大东征，从波斯带回这种果树时，欧洲人不知道该怎么称呼它，先试探着叫它亚美尼亚苹果（Armenian apple），后来发现它的果实成熟得真早，就索性叫它早熟果（praecox），再后来，把这两个名字糅合在一起，就是今天杏子的英文 apricot。

除了早熟之外，杏还有另一个令人称道的特质——皮实。从西北到江南，村头道边，随处可见杏树身影，在果树栽培技术并不先进的古代，杏树就靠这个突出的优势"抢跑"成功，在人类的生活中扮演了相当重要的角色，留下了杏坛、杏林等诸多文化意象。

想想看，孔子周游列国，每至一处聚徒讲学，都选择在杏树之下，说明了什么？一，杏树在当时已经普遍种植；二，能够提供大片阴凉的杏树，应该也是当地人日常聚集的场所。

正是因为这种种缘故，杏在古代生活中拥有了超越普通水果的地位。所谓"夏祠用杏"，即在夏朝的时候，祭祀时便会使用杏这种水果。杏这个字的写法便是由此用途而来，下面的口字代表祭台，而上面的木字代表的是果枝。

为什么是杏而不是苹果、桃、李子等同样好吃的蔷薇科水果？

谁让杏来得最早呢。

一日一蔬，生活美学

见此图标 微信扫码
趣味插花 植物美学 种菜吃菜的学问

◇ **捡杏做酱**

杏子成熟的时候，一场大风就会刮下很多，这些跌落枝下的残损杏子浪费了可惜，捡来做杏酱是再好不过了。

杏酱的做法和各种果酱一样，洗净切块，残损的杏要注意把受伤的部分切除干净，入锅加水炖煮，一边加糖一边搅，直至最后成酱。

做好后装瓶，贴上手写标签，除了自己吃以外，还是一份很好的伴手礼。

夜雨剪春韭

所谓的"永久",其实仍然是有保鲜期限的。

说到春韭,许多人都能吟上一句:"夜雨剪春韭,新炊间黄粱。"

其实,即使是露天种植的韭菜,在处暑前也可以持续收获。棚内种植的韭菜更是四季有售。但唯有早春萌发的韭菜,最为浓郁鲜美。

为什么春韭如此受到推崇?

因为韭菜是一种宿根蔬菜,当它积聚了一冬的能量后,早春长出的头茬菜,味道当然最好。不过,这个头茬特指露天种植的情况,即冬季地上叶片枯萎后开春又发出的那一茬韭菜。暖棚内冬季持续生长的不能算。

开春的时候,正是种韭菜的时机。韭菜有两个比较适合种植的时候，一个是初秋，这样就可以抢到一波早春的头茬韭；另一个就是初春，趁着韭菜刚刚萌动的时候，购买韭菜根直接定植。

　　韭菜可以播种，但时间太长，所以一般都直接移栽韭菜根。不过，买韭菜根的时候要注意挑选一下，不要买到淘汰的老根。韭菜有 5~6 年的收获期，而它的根系是有更替的。老根不断衰亡，新根不断长出。因此会出现根系逐年向上推移的状况，就是俗称的"跳根"。已经有明显跳根状况的老韭菜根，就没什么种植价值了。

◇　一小撮新剪的韭菜，便足以令晚餐增味。

◇　割而复长，韭菜也因此具有了长长久久的吉祥寓意。

娟娟玉簪

美没有亘古不变的标准，它跟随每一个时代的演进而变化。

看见玉簪新发的笋芽，我的脑海里浮出"娟娟"两个字来。

娟娟是一种什么状态呢？

大部分字典笼统地将它解释为姿态柔美，或者将之拆解为"女＋肙"，即女子犹如丝绢般的状态。我觉得不那么准确。

肙（yuān）是什么？肙是一条圆滚滚的小虫，和女字旁组起来，所代表的形象，应该是稍微有点肉的女子，就像齐格菲尔德女郎那样又性感又健康。这可能更符合古人的审美观吧。

那么，看到有点肉肉的玉簪笋芽，我的第二个念头是——能吃吗？

《中国植物志》中提到："花亦可供蔬食或作甜菜，根、叶有小毒。"但其实相较于吃玉簪花，吃叶子的人更多。在邻邦日本，玉簪的幼叶是春季常见的野菜，超市里经常有成把扎好的玉簪叶出售。刚发的芽，或者是半展开的嫩叶，直接当成蔬菜来炒。做天妇罗也是相当好的材料，还有模仿西洋料理，用火腿片卷着吃的。

　　不过，这些做菜吃的都是比较原始的品种，以白玉簪和紫玉簪为主。花园里常见的园艺品种，并没有见到有人采摘食用。

◇　玉簪的嫩芽确实令人有食欲。

◇　玉簪因其花形如簪而得名，特别在含苞待放的时候更为神似。

特别篇
野菜里的春天

为什么中国人对野菜如此热爱？

在生产力低下、物资匮乏的远古时代，野菜的位置远重要过今天。冬春交替，荒野中萌生的嫩芽是不可或缺的食物，所以在先秦诗歌中，诸多不起眼的野菜，却占有着相当显眼的位置。

而今天，野菜的食物价值虽然降低了，但它在中国人心目中的地位却从未改变。

一抹新绿，带着春风，沾着春雨，自春天的原野而来那便是野菜。

白茅乱抽荣

在野草中，白茅是颇受过去孩童欢迎的一种，因为它可以提供两种零食。

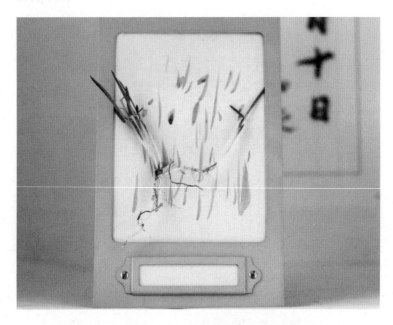

所谓白茅提供的两种零食，其一是春天抽出的花穗。《诗经》中称之为"荑"。荑是可以吃的，剥开包裹住它的草叶，里面清甜柔嫩的一条就是了。

其二是夏秋之交可以挖掘的茅根，白而细长，生嚼有一种甜滋滋的味道，可以入药，煮成茅根竹蔗水，秋季润燥最实用。

茅根入药，又称"地筋"，这个词形象得很。挖出一丛茅草，才能发现它地下的根茎纵横伸展，不知延伸出多远去，只等一场润物的春雨，就能在这里、那里萌发出绿意来。

自有其道泥胡菜

泥胡菜分布非常广泛，与其归入野菜，不如说是一种令人头疼的田间野草，连酷爱吃野菜的山东人对它评价都不高，因为它特别苦。

可是，因为它大而肥硕，不需要花费择菜的精力，所以也硬生生地在春季野菜中占据了一席之地。除了焯水后拌着吃，还可以做成类似青团的食物。安徽绩溪就有做春蒿馃的悠久历史。

所谓春蒿，其实就是泥胡菜，据说是因为泥胡菜大而肥壮，早春的时候比较容易采集；此外它焯水后制成菜泥，容易保持青绿，做出馃来好看。

野菜的生存之道，有时候你真的想不到。

野花佳蔬二月兰

二月兰是著名的春季野花，成片生长的它们，在春风里开出一片诗意的蓝紫，获得了"东方薰衣草"的美誉。

我觉得它比薰衣草更好，因为除了开花美，二月兰还是很好吃的野菜。

吃二月兰的最佳时节是早春，过冬的植物被春风一吹，立刻萌芽，生长速度极快。要不了十天就能长成一大丛，然后，抽出绿中带紫的花薹。这时候就是采摘的最佳时机。

采摘二月兰，无论是野生的还是自种的，都要适可而止，留下大部分让它们开花。初夏的时候，成熟的二月兰种子会自动弹入土中，等待初秋再度萌发。

堇菜也学牡丹开

由于不太能判断各种堇菜（早开堇菜、多花堇菜、戟叶堇菜、大叶堇菜）之间的区别，我一般就笼统地称它们为紫花地丁。

不过，有时候也能灵光一现辨认出来，主要看距，所谓距，就是花瓣的基部变形而成的长管，向上翘的是早开堇菜，向下耷拉的是紫花地丁（光萼堇菜）。

耧斗菜和旱金莲都是很常见的有距花朵，你可以把距理解成一个"口袋"。在"口袋"里藏上花蜜，在"袋口"摆上花粉（雄蕊）。昆虫为了获得花蜜，就会努力地爬进来，或者把长长的喙伸进来，这样，顺理成章就帮助花朵完成了授粉过程。

不起眼的小野花，也拥有让人类震惊的智慧啊。

日食万钱榆荚果

榆钱儿不是榆树的花，而是它的嫩果。

榆树这家伙性子太急，不长叶子先开花，开完花立刻结出荚果，然后才定下心来，慢慢长叶子。

榆钱盘算得虽好，奈何人类横插一手，嫩绿的荚果滋味清甜，是春天的风味之一。上树捋下榆钱儿，择去根部那些棕色的果蒂，清洗后，薄薄地拌上干面粉，加少许盐，捏成小团子，蒸熟后加调料即可。这种吃法，在西北叫作麦饭，在山东叫扒拉子。

这样的轻食烹饪法很值得提倡，粗纤维＋碳水化合物全面均衡，蒸食能够最大限度地保存营养成分，而后加调料的方式也更适合个人口味，避免摄入太多盐分。

所以，不要老迷信那些新颖的主食沙拉，传统风味也很健康。

葎草群生

看见葎草发芽，一定要连锅端，不端不行。别的野草可慢慢除之，唯有葎草，一定要火速铲除。因为待它长成气候，再清除就要费百倍的力气了。

一株成年葎草，主根可达 1.5 米，并且还有大量侧根和根毛，如此嚣张的根系，能够支撑它的地上部分疯狂生长，让那些长着密密麻麻倒刺的枝叶四处蔓延。

葎草的这个特性，给人们带来的是无尽的困扰，果园或者是菜园的葎草，一旦失控，造成的后果是灾难性的。然而，人类有时候也能让它发挥正面作用，比如，荒坡绿化。有研究表明，葎草单日生长量可以达到 0.3 平方米——真是个高效的"绿化工人"啊！

Chapter 2 | **春深蔬肥**

◆ "油菜花开满地金，鹁鸠声里又春深"。

北京没有大片的油菜花，也见不到鹁鸠，但春深似海之意，半点不逊色。

菁菁者莪

位置的差别，不应该成为判别高下的标准。

莪（é）是一种古老的植物，也是现在一种很常见的杂草，在北京的郊区到处都是。现代学名为播娘蒿，也叫抱娘蒿。《本草纲目》解释得很清楚："抱根丛生，俗谓之抱娘蒿。"

虽然名字里有个"蒿"字，但它和菊科蒿属的诸多植物是有本质区别的——艾蒿、青蒿都是菊科的，但播娘蒿是十字花科的，所以，拔起一棵去闻它的气息，并没有蒿属那种刺激的芳香，只有淡淡的青草香。

播娘蒿是中原地区最常见的野草，每年和小麦一起返青，长得又壮又高，特别显眼，所以早在先秦时代就被古人注意到，成为民间歌谣里常见的风物。

比如，《诗经》里有一首《菁菁者莪》，吟道："菁菁者莪，在彼中阿。既见君子，乐且有仪。"这是一首颂歌，以莪的繁盛，来比喻人才云集的场面。

当然，也有很悲伤的。另有一首《蓼蓼者莪》，是追思父母的哀歌，情绪极其强烈，有种指天问地的悲愤："父兮生我，母兮鞠我。抚我畜我，长我育我，顾我复我，出入腹我。欲报之德。昊天罔极。"

我们的悲欢，和土地上的寻常草木，曾经是相通的。

◇　播娘蒿植株壮硕，在春季的野草中比较显眼。

◇　另一种华北常见的野花紫堇，初生时与播娘蒿有点类似。

山吹花见

恰当的就是最好的。

一般来说，重瓣的花总比单瓣的花要美貌，但是棣棠例外——个人观点。

作为蔷薇科棣棠花属的独苗，这种古老的东北亚原生植物，如今在城市绿化里广泛应用，用作树篱的时候最多，从春到秋都在开花。但是由于绿叶浓密，黄色的花朵掩映其中，再加上没有香气，所以不太让人惊艳。

当然，这也可能是因为现代人对它司空见惯的缘故，而宋代人跟我们的感觉就不一样："是月季春，万花烂漫，牡丹、芍药、棣棠、木香，种种上市。"在《东京梦华录》中，见过吃过的宋代帝都居民，是拿它跟著名香花木香一样看待的。

我闻了又闻，棣棠并不香哇。

所以，在北宋都城里的应该是以单瓣棣棠为主吧。相较于开成了圆球状的重瓣品种来说，这种清纯的五瓣小花，似乎更有气质，也符合宋代文人的审美。

棣棠的重瓣变化，是一个特别典型的花蕊瓣化的现象。因为环境条件的变化，或是遗传基因突变，原本的雄蕊和雌蕊逐渐扁化，变成花瓣。单瓣小花也就变成了华丽的重瓣花。

经常出现在古诗文里的植物，除了棣棠，还有棠棣。是确切的两种植物，还是古人写得随意呢？现在已经无法判断了。不过，作为一个爱好园艺的现代人，我清楚地知道，这是两种植物。

棠棣，现在写作唐棣，是一类蔷薇科小乔木，它们当中的某些品种的果实经过人工改良，已经是很美味的了，代表品种是桤叶唐棣——我也悄悄地种了一株，还没有结果。

日本人称呼棣棠花为山吹，其由来就是字面意思所表达的那样，纤细柔软的枝条上开放的金黄色花朵，像是被风吹来的一样。

那简单而纯洁的美，无论古今，都令人动容。

～～～～～～～～～～～～～～～

一日一蔬，生活美学

◇ 山吹之色

山吹和樱花，同是日本春季最具代表性的植物，也是俳句（一种日本的古典短诗）中代表春季的"季语"（可以理解成关键词）。即使看不懂日文，只要发现"山吹"这两个字，也能判断这是一首春天的诗。

山吹色则是日本常见的传统配色，介于黄色与橘色之间，用 CMYK 色值来标示是：0，37，87，0。这是一种明亮而温暖的色彩。

壮士簪花毛竹笋

无竹令人俗，无笋令人愁。

中国是竹子大国，毛竹是竹中之王。

毛竹既高且壮，分布面积最广，适应性强，而且用途极其广泛，是非常重要的经济植物，几乎覆盖了你能想到的众多领域——唯一的遗憾是，没有什么花园适合容纳它们。

毛竹笋可以从冬吃到春，冬天没出土的时候，它叫冬笋；早春时节，即将拱出地面而未见日光的笋，是黄泥拱；露了尖的，才叫春笋。

笋一旦被挖下来，在常温中会迅速木质化，很快就味同嚼蜡了。所以，讲究的是现挖现吃，间隔的时间越短越好。虽然现在有了方便快捷的冷链运输，能用低温保持住笋的新鲜，但还是跟现挖的没法比。

北方人能吃到的新鲜笋，多半都是毛竹笋。我想，这不仅仅是因为它个大肉厚，也可能是跟其他品种的细笋比起来，毛竹笋更耐搓磨，即使不怎么新鲜了，在北方的菜市场还是能糊弄过去。

在北方，如果能买到新鲜又肥壮的毛竹笋，那可称得上是运气爆棚。

在现代城市生活中，嗜笋的吃货们还意外地遇到了一个小问题：笋壳在垃圾分类里属于哪一类？

虽然它大又硬，但仍属于可以分解的有机物，所以，它应该分在湿垃圾中的厨余垃圾这一类别下。

 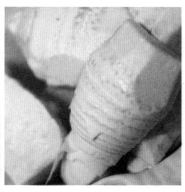

◇　通过笋的顶端变色程度，可以判断它出土时间的长短。

◇　古人形容笋质如玉，确实如此。

一口入魂是香椿

过时不候的时令风味，比限量款包包更值得珍惜。

日语里经常出现一些以汉字书写，意思与这些汉字大相径庭，但又能找到那么一点谜之联系的词汇，比如，天地无用、一生悬命、一口入魂……而当这些词被引入汉语语境时，意思又发生了微妙的偏移，更为有趣。

比如，天地无用的意思是"请勿倒放"，通常贴在包装箱上。

一生悬命听上去就要慷慨赴死了，不，它只是表达一下"我会努力"的决心。

至于一口入魂嘛，在中国通常就被理解成，吃一口，那味道就攻陷了人的灵魂。而日本人的一口入魂是从鼓励匠人的角度来讲的，这个从一球入魂演变而来的四字熟语，其实是说要为这一口拼尽全力。相比之下，还是中国人理解的意思更为传神。

尝了一口今年的香椿，这四个字就突然跳到脑海里——嗯，它攻陷了我的灵魂啊。

露天种植的香椿，要在清明到谷雨这段时间，才迎来采摘的季节。由于早晚气温较低，香椿的叶子带有浓重的紫红色，叶片又十分油亮，所以，这个季节采摘的香椿，被形象地称为"红油香椿"。

◇　初生的香椿叶，色泽紫红。

◇　生长一段时间后，叶片舒展开来，变为绿叶镶紫边，这时候的香椿，最为味美。

谷雨看牡丹

~~~~~~

谷雨时节，牡丹花开。

要领略何谓牡丹，一定要亲自去看，站在一株盛开的牡丹前，那极之绚烂的美是瞬间撞过来的。

天人五衰牡丹崩

~~~~~~

牡丹，有花王之称，它枯萎的姿态亦决绝如人间帝王之崩，短短二十余天花期过后，再来寻求它的芳容，就要留待来年了。

翩然起舞小生菜

为什么要讲究食材的颜值？因为吃好看的东西，感觉整个人也会变美啊。

生菜是全球最主流的沙拉蔬菜，没有之一。

迄今为止，生菜的人工培育品种已经过万，从叶色到株形，变化万千，为餐桌增加了丰富的变化。

然而，无论哪种生菜，都顽强地从野生前辈那里继承了略带清苦的口感。随意掰开一片叶子，从叶茎中会流出由莴苣素、糖、蛋白质、橡胶等共同组成的乳白色浆液。舔一舔，清新而略带苦味，没错，就是那熟悉的风味。

之所以叫莴苣素，是因为生菜按植物学的分类，更确切的名称是叶用莴苣。而中国人爱吃的莴笋，则是跟它对应的茎用莴苣。所以，莴笋和生菜，其实是一家人——很多人第一次知道这个冷知识时都有点不太相信。

不信？下次收拾莴笋的时候，可以掰开一片上端的嫩叶观察下，断口处同样会流出乳白色浆液，尝起来更苦些，那是因为在长期人工培育的过程中，以食用叶片为主的生菜口感已经得到了很大的改良，而莴笋的叶片并没有被改良。

野花烂漫，蜂蝶飞舞

春花盛开的时候，蜜蜂也跟着展开了辛勤的劳作。在菜园里，只要哪一片有花，无论是家花还是野花，就能在那一片听见一片嗡嗡声。看来，只要有蜜，蜜蜂们是不挑食的。

见惯了这样的景象，对于蜜源植物也会有更直观的感受，诸如美丽月见草、琉璃苣、矢车菊这些有机种植中最为推荐的蜜源植物我也种了不少，确实在招蜂引蝶方面表现格外优秀！

荠菜进入花季时，虽然单朵花小，但是"人多力量大"，每株荠菜都能开出成百上千朵小花。远看去，也是白如雪落的一片，其间蜂蝶飞舞，可惜，仔细观察，没有几只真正落足于此——因为荠菜的茎枝实在太细弱，经不起蜜蜂的体重。它们只能浮光掠影地飞过，能采到多少是多少。

好在，诸如荠菜这样的小野花，早就找到了自己的进化之路，它们的花粉极其细小，借助微风便可轻松实现传粉，完全没有压力！

世界这么大，每个人都能找到适合自己的路。

卖萌有理兔尾草

无论做什么，姿态好看一些总归是能加分的。

狗尾巴草是田野里常见的杂草，而兔尾巴草则是这几年园艺市场里的新宠。大家都是尾巴，为什么彼此地位悬殊？答案是差在颜值上啊。

毛茸茸的花穗，像极了兔子尾巴，颜值令人难以抵挡。

花穗开到差不多的时候，还可以采下来晾成干花，这样放上一整年都没问题。

其实，我早就播种过兔尾草，但不知道为何，后来没有下文。今年给它专门圈出了一片区域，重点观察了一下，真相就是……兔尾草小时候实在是跟杂草一模一样，稍不注意，就会被当成杂草给清除了。

也难怪，它本来就是野草，禾本科兔尾草属，别看因为萌态可掬被很多园艺爱好者捧在手心里，其实在很多国家它已经成为入侵野草。

来吧，兔尾草，全面入侵我的花园吧！

孟夏苦菜秀

在北京的郊野，能成片开放的野花，除了二月兰就算是苦菜了。暮春时节，满坡纤秀的小黄花在微风里摇摆着，迎接夏天的到来。

虽是不起眼的小野草，却能最先感知到季节的变换。

一春浪荡看葱花

自由自在的生活当然要付出代价，但回报比代价更值得。

虾黄葱花的盛开，对我而言，是春季耕作生活的重要节点，它意味着前期的各种播种、移栽、铺垫工作告一段落，在接下来这段春夏之交的日子里，可以尽情地看花摘菜了。

丛生的粉紫色小葱花球，在风中摇摆，像极了一个菜农浪荡的心情。

虾黄葱，一种实力与颜值兼具的多年生葱属植物，耐寒耐旱，无论盆栽还是地栽都表现良好，葱叶和葱花都可以食用，开花极具浪漫美感。

姜夔写过一首七言古诗，名为《契丹歌》，诗中有壮阔的草原之美，"春来草色一万里，芍药牡丹相间红"；亦有壮士游猎的场面，"海东健鹘健如许，韝上风生看一举"；还有不受中原文化拘束的浪漫生活，"一春浪荡不归家，自有穹庐障风雨"。

我很欣赏一春浪荡这个词，感觉后面可以续上无数狗尾：一春浪荡看葱花；一春浪荡种西瓜；一春浪荡数樱桃……

浪荡，是一种只可意会不可言传的人生自在。

◇　虾黄葱既有葱的食用价值，又有观赏植物的装饰效果。

◇　淡粉色的葱花，也是一种美丽的食材。

特别篇
本草菜园

"家中一碗绿豆汤，清热解毒赛神方。"

"冬吃萝卜夏吃姜，不劳医生开药方。"

萝卜、姜、蒲公英……这些既是我们日常生活中常见的菜蔬，亦是被尊称为"本草"的中药材。

在中国人的生活中，本草与蔬菜，常常没有什么明确的分界线。

天青地黄

地黄是著名的中药，种植和应用历史都很悠久，名气虽大，它的姿态却相当平易近人，在北方的大部分地区都能找到，即使在城市绿地里，也能发现它的身影。

地黄耐寒，但对温度非常敏感。生长在向阳地带的地黄，初春就能开花，棕紫色的筒状花朵有着不同寻常的美感，所以我一直很想人工栽培一片地黄花田。

等到地黄花盛开的时候，每天都来掐几朵，去吸那甜滋滋的花蜜。《植物名实图考》说："小儿摘花食之，诧曰蜜罐。"

所以，一片地黄田，也可以命名为"流蜜之地"吧？

四散而生蒲公英

蒲公英的药用价值很早就被发现了，一味随处可得的草药，用来治疗常见的莫名肿痛，正是恰到好处，所以中医称它为"解热凉血之要药"。

在唐代医书《新修本草》中已经有对蒲公英的记载，不仅说了它的药用价值，还特意提到它"人皆啖之"，可见是普遍食用的野菜。

荠菜花开过后，最时令的野菜就是蒲公英了，锯齿状的叶子，耀眼的黄色花朵，是春季原野上最具代表性的植物之一。

花开完了，毛茸茸的种球被风一吹，就飘向四面八方，落地而生，随遇而安。

读诗识芣苢

车前草的名字很朴实，它四处生长，道边常见，坐在车上，总能看见前面的路上有这种趴在地上长的草，所以就给它起一个叫"车前草"的名字。

其实，叫车前草已经挺尊重它的了，欧洲人叫它 Plantago，意思是"脚下草"，和车前的逻辑差不多，就走到哪儿低头都能看见它。

中国人采车前草是有悠久历史的，诗经里就有"采采芣苢，薄言采之"的句子，芣苢就是车前草的古称。根据诗里的动作"掇之、捋之"，可以推断出当时采的是它的种子，即一种传统中药材，也有人用它煮粥，有润肠通便的作用。

无独有偶，从罗马帝国时期开始，欧洲人也用车前草来促进排便，不过，他们用的是洋车前草，种子外壳富含胶质物，吃下去后，在肠道内吸水膨胀，又无法为人体吸收，于是就挟裹着肠道里的其他内容，一道成为排泄物……

　　除了种子，车前草的嫩叶也是春季的时令野菜。按中医的说法，它利尿；按欧洲草药学者的说法，它通便。难道，车前草就是传说中的"洗手间之王"？

扫码立领
★园艺指南 ★花艺美图
★本书配乐 ★生活艺术
★交流社群

银杏生小叶

姗姗来迟的银杏树，在百花盛开的季节，终于勉强挥舞出了小小的扇叶。

作为地球上现存的最古老的植物，银杏的药用价值却直到宋末元初时才被发掘，有点令人意想不到。不过到了明代，《本草纲目》中已经明确它能"益肺气，定喘嗽"，并备载了十余种银杏果的治疗功效，堪称进展迅速。

时至今日，科学家们仍在兴趣盎然地研究这种宝藏植物，以期破解它更多的奥妙。

许多时候，我们熟悉的是作为绿化树的银杏，特别是它深秋时节制造的一片金黄。

银杏叶落，北方的秋天就深了。

忍冬红似火

根据《中国药典》的规定，只有忍冬属植物忍冬的花蕾才能以"金银花"之名作为中药材入药。

实则，忍冬属可供药用的品种颇多，它们也大多含有金银花主要的有效成分——绿原酸，只是有待实验室研究进一步明确应用方式。

金银花是夏天的优选之物，由于它清热解毒的功效显著，不仅能够制成双黄连口服液、银翘解毒丸之类的著名中成药，在夏天还可以作为小儿洗浴的常用药材，解暑消痱。

一个冷知识，双黄连不是双倍的黄连。黄 = 黄芩，连 = 连翘，而双 = 双花，是开出两种花色的金银花的别名。

为了美观与实用兼得，我种植的是金焰忍冬。它初开为红色，盛开后转为金黄。焰者，火红之色也。

不晓得红色的金银花泡茶是什么味道？

白花红果好山楂

仲春，山楂花季到了，绿叶白花，一树团花，视觉上是绝对的清新雅致。就是花朵气味不怎么好闻，所以，宜远观而不宜近赏。

如果不以收获果实为唯一目标的话，我觉得山楂是庭院小果树的首选。无论是在传统的中式大院还是简洁风格的现代庭院里，它都能完美地融入周围环境，而且会随着季节的转换变幻出不同面貌：初春萌芽；仲春开花；秋天挂了满树红果，既丰盛又宁静。

即使不为观赏，每个吃货也都该种一棵山楂树。为什么呢？因为山楂既开胃，又消食。

Part 3
夏日园居好

炎炎夏日与蔬果为伴，清凉自生。

现代人在夏天喜欢说："我的命是空调给的。"

◇

没有空调的古代人是怎么活下来的？

"寄言覆苔客，无事果园中。"身处田园，与蔬果为伴，即使在炎炎夏日，也有一丝清凉自心底生起。

Chapter 3 | 孟夏生长

◆ 孟仲叔季，古人借来一个孟字，用于定义春夏之交的
   这段美妙的时光。

   春意已足，暑意未至，万物繁荣生长。

苜蓿甚香

即使是外来客，只要足够接地气，就能天衣无缝地融入新的环境。

汉朝时作为牧草传入中原地区的紫花苜蓿，在汉末时就有人勇敢地尝试了它的味道，"春初既中生噉，为羹，甚香"——这是北魏著名农书《齐民要术》中的记载。春天的苜蓿，可以生吃，用来做羹汤也很香。

从此以后，苜蓿在人类的餐桌上争得了一席之地，生吃的传统甚至一直延续到近代。

民国时候的学者齐如山在《华北的农村》里详细记载了怎么吃苜蓿："熟吃者即把苜蓿加盐，与谷类之渣合拌，以玉米、小米、高粱等为合宜，拌好蒸食或炒食均可；苜蓿生食则洗净抹酱夹饼食之，味亦不错。"

我个人的尝试心得，生吃呢，真不怎么样，人的口味和牛马羊还是有区别的，而且，从健康角度考虑，最好还是焯水处理一下。

说到齐如山，又想起他有一本小书《中国馔馐谭》，里面考证了不少北京食物的由来，其中，还提到了木须肉，木须，现在通常写作木头的木，胡须的须，此"木须"和彼"苜蓿"一点关系都没有，

它是木樨 (xī) 的转音，这里的木樨就是指桂花，因为木须肉里有鸡蛋，鸡蛋炒碎了，像是桂花屑。所以有了木须肉这个名字。

那么，摘点苜蓿嫩叶来炒肉丝，能不能叫真的"苜蓿肉"？

◇ 吃苜蓿要采食嫩梢，否则苦味会盖过一切。

◇ 夏天的时候，苜蓿进入花季，叶片会明显缩小，那是因为营养都供给了花朵。

田间遍地塘葛菜

有个性的野菜，即使退出历史舞台，也不会被忽略。

早春的葶菜和荠菜很容易被混淆，它们都是贴地而生，叶片都带有明显的锯齿。不过，到了春末，就不会有人把它们搞错了。

葶菜开黄花，它的味道辛辣，成株是紫茎配深绿叶。而荠菜开白花，绿茎绿叶，味道清香。

葶菜这个"葶"字，来由就是它的辣味。李时珍在《本草纲目》中说："味辛辣，如火焊人，故名。"

虽然现在我们不太吃葶菜，但早在魏晋时代，它就曾被作为野菜来食用。宋代，在以苏东坡为中心的文人"吃货天团"中也比较流行吃葶菜，比如黄庭坚在《次韵子瞻春菜》中就写过"蒌蒿牙甜葶头辣"。不过，到了明清，好吃又丰产的蔬菜大量传入，葶菜就很少再被关注了。

除了一个地区——两广。

广东有一道很著名的汤，即生鱼塘葛菜。塘葛菜就是葶菜，有时候它也被叫成鸡肉菜，这样听起来是不是非常美味了？

立夏三鲜小蚕豆

对季节风味的惦念，来自心底，而非肠胃。

江南人立夏要尝三鲜——蚕豆、樱桃、河虾。

鲜的内涵太丰富，无法用文字详尽描述，但它又可以特别简单地表达，有点大道至简的意思。

蚕豆、樱桃和河虾的味道到底哪里有相似之处呢，它们谁也不挨着谁，但并列为立夏三鲜却一点儿也不违和。

新收的蚕豆不需要多余的调料，最家常的方式是剥出豆米来，用水煮，加少许盐。就像鲁迅在《社戏》里写的那样："几个到后舱去生火，年幼的和我都剥豆……双喜所虑的是用了八公公船上的盐和柴……"

不过，鲁迅的豆品种好，"岸上的田里，乌油油的都是结实的罗汉豆"。浙江慈溪的大白蚕豆历来有名。江南的蚕豆，是秋播春收，经冬的食材味道格外鲜美。北方的冬天过于寒冷，蚕豆无论如何也扛不过去，所以，只能早春播种，而且最好选中小粒品种，否则，夏季高温一到，蚕豆植株就会迅速枯萎。

蚕豆，蚕豆，就是养蚕的季节吃的豆啊。

朗朗之姿西洋菜

小而强大，却没有获得足够的认同，这样的怀才不遇会一直持续下去吗？

西洋菜又名水田芥，是西餐里常见的风味突出的沙拉蔬菜之一。一个"芥"字，就代表着它有明显的芥辣风味。

而广东人则用它来煲汤，西洋菜排骨汤很好喝。

从植物学分类上来说，西洋菜是十字花科南芥属的一种浅水多年生植物。它还有一个名字叫豆瓣菜，因为它的叶子长得像豆瓣。

外来植物有很多，为什么单单叫它西洋菜呢？民间有诸多传说，已不可考证。不过有一点是有文字记载的，旧时海上的远航船员缺少维生素补充。所以有人带大缸上船，自己种菜。以空心菜、西洋菜这类能够持续收获的蔬菜为主。

西洋菜的适应性很强，南北都能种植，不过，由于饮食习惯的差异，北方很少见到市面上售卖。其实从营养学价值来说，它是一种应该被大力推广的蔬菜。

在一份蔬菜营养密度排名的榜单中，西洋菜位列榜首。所谓营养密度，就是指蔬菜水果中的有益营养成分相对于热量的百分比，百分比越高，说明在同等热量摄入下，获得的营养成分越多。

那么，第二名是谁？是大白菜。

排名在前列的其他蔬菜，还有菊苣、芹菜、羽衣甘蓝。它们的共同特征是含糖量低，所以热量也低。相对来说，营养密度自然就高。

所以减肥菜谱里全是这些菜。

初夏的时候，如果能买到新鲜的西洋菜，不妨大啖一番。

除了具有蔬菜的功能，西洋菜也勉强可以当成观赏绿植来看待，由于它既能水培，又对光线需求不高，所以，是很适合阳台种植的蔬菜品种。特别是在秋冬季节，绿油油的圆形叶片清新养眼，要是能配一个好看的盆器，颜值还会再度提升。

～～～～～～～～～～

一日一蔬，生活美学

◇ 水培西洋菜

新鲜的西洋菜枝条，修剪掉一点茎部，插在水瓶里，要不了十天，就能发出密密的白色须根，多插几瓶，就可以随时掐一小把来食用了。

苋菜红脸汉

相爱没有那么容易，每个人有他的脾气。

　　如果还在为夏天种什么蔬菜而头疼，考虑一下高产又好活的苋菜吧。

　　苋菜是一种很古老的蔬菜，因为颜色显眼又能长得非常高大，在野外一眼就能被看见，所以得了个"见菜"的名。按惯例，植物要统一加上个草字头，因此就成了"苋菜"。

虽然在超市中它已经成为常见蔬菜，但苋菜保留了十足的野性，品种都比较原始，吃起来，野菜特有的粗粝感非常明显，所以超市出售的以半大苋菜苗为主。

除了自己种植，在郊外也很容易找到野苋，野苋以全绿叶片的品种为主。而种植苋菜则以花叶和紫叶居多，烹饪时候会淌出大量红色的菜汁，特别诱人。

除了可以持续采收嫩叶食用外，苋菜也是一种很有前途的代粮作物，它们当中的部分品种会大量结籽，壮硕的谷穗大约含有十万粒种子，西北一带称之为"细米"——比小米还要小的米。这些种子营养价值很高，和藜麦一样，是很少有的含有多种氨基酸的植物食材，但是食用的开发程度目前还远远没有跟上它的营养价值。

喜热的苋菜长起来的时候，端午节就快到了。

◇ 很少有像苋菜这样红得如此纯粹的蔬菜。

◇ 人工种植红叶苋的时候，野苋也会不请自来。

番茄难种

一夜成功的背后，你不知道别人付出了哪些默默的努力。

番茄这种最常见的蔬菜，想要亲自在露天菜园中种植，难度却是意想不到的高。

首先它喜冷怕热，所以即使可以提前在室内育苗，但也不能过早移栽，否则极易受到倒春寒的伤害。在北京地区，通常要到四月中旬才能放心定植。

之后，要经过大约60天的生长，它才能进入结果期。

配合着它的挂果过程，盛夏雨季来了。正处于成熟期的番茄果实，最适合的种植方式是小水勤浇，这样既能够供给果实膨大的需求，又不至于因为水分过多而导致裂果。然而，自然降雨是不会这么贴心的。大雨过后常常是暴晒，别看番茄是一种喜热的蔬菜，但它怕晒，全日照环境下，果实很容易出现晒伤。

而且，番茄是常见蔬菜里容易遭遇虫害和病害的类型。种种困难因素的叠加，导致我每年的大番茄收成都难尽如人意。

想吃到一个被太阳晒红的番茄，其实是一件相当奢侈的事情啊。

芥子纳须弥

芥子纳须弥，一个流传非常广的佛教典故。

男男女女黄瓜花

为什么是芥子，而不是其他什么蔬菜的种子呢？

我猜是因为芥菜在全世界广泛分布，足够常见。而且它用途广，既可榨油，又可以磨碎制作酱料。

用一种在生活中最常见到的事物，来寄托最高深的哲理，这是了不起的智慧。

一枝浓艳，平阴玫瑰

玫瑰有很多种，但权威的《中国植物志》将"玫瑰"这个汉语名字赋予了一种特定植物。它的拉丁学名是 *Rosa rugosa*，俗称平阴玫瑰，是传统的食用品种，香气甜馥，沁人心脾。

豌豆怀春

有时候，并不是某个故事打动了我们，而是我们心底恰好有那个故事。

甜豌豆是种起来令人非常愉悦的蔬菜，只要在气候适宜的时候种植，完全无须过多照料，而且你还能从它那里获得无穷无尽的乐趣。

比如新品种 Spring Blush，特征是茎叶和种荚上都带有一抹红色，像羞红脸的女孩，所以被翻译为"怀春少女"。

瞬间，我觉得这株豌豆更加亭亭玉立了。

Spring Blush 还有其他令种植者兴趣盎然的地方，突出的高度——据说可以达到两米多，完全可以作为篱笆的装饰植物；数量更多的卷须——不仅有装饰效果，而且这些卷须在嫩的时候是可以采下来作为食材的；以及强大的结荚能力——比普通豌豆产量高出30%。

唯一的遗憾，剥开绿中带粉的豆荚，里面的豆子是全绿色的。

这位少女啊，原来你只是外表害羞！

卜爱之花矢车菊

浪漫的心思，就要和浪漫的小野花倾诉。

矢车菊是常见的可食花卉之一，虽然它当不得大菜，但用作甜品装饰特别适宜。它颜色多变，花瓣扁平，卷曲的边儿颇有少女气质，能为蛋糕平添几分自然浪漫。

作为可食花卉，它还有一个优势，即特别好种，是野花级别的好种。

矢车菊的英文名字 Cornflower，直译过来是谷物花。为什么呢？因为它在欧洲的原生环境就是生长在各种谷物田中，主要是高度差不多的各种大麦、小麦和燕麦。矢车菊作为一种习性强健的小野花夹杂其中，就跟咱们的瞿麦、马兰头地位差不多吧。

因为它在乡间比较常见，所以也被用于一些生活场景中，比如，占卜爱情。

说起占卜爱情，最常见的是雏菊，女孩子一边摘雏菊的花瓣，一边默念他爱我，他不爱我，看最后一瓣轮到哪句。

矢车菊运气好点，避免了这种被分尸的命运，它主要服务于单身男性，特别是被分手后，扯下一朵矢车菊挂在衣襟上，来占卜是否还有复合的可能。

所以，矢车菊还有个别称，叫"单身汉的纽扣"，是不是很戳心？

洋葱新收

想流泪的时候，就去厨房切一颗洋葱吧。

新鲜的洋葱有三好：鲜甜、水嫩、不辣眼。

人们在切洋葱时为什么会不由自主地流泪？

因为在洋葱细胞的液泡中含有一种蒜酶。切开洋葱时，液泡被破坏，蒜酶被释放出来。它令洋葱挥发性油脂中的硫化合物发生转化，成为厨房里的"催泪弹"。

新鲜洋葱水分含量高，相应地，硫化合物浓度低，刺激性也不那么强。而当它储存一段时间之后，水分挥发，刺激性就会加强。这个道理，类似于嫩姜不如老姜辣一般。

不辣的新鲜洋葱太好吃了，炒的时候不要加水，就靠它本身的汁液，无论加肥牛还是加鸡肉，都相得益彰。日本主妇有在洋葱收获时为家人做洋葱肥牛丼饭的传统，就是取其鲜甜风味。

只有应季而食，才能充分领略到自然馈赠的全部滋味。

葵花向阳

因为站到了足够的高度，向日葵向阳而生的特长才能充分发挥。

如今，我们熟悉的很多外来粮食和经济作物，在当年刚进入中国的时候，都是在花园里种植的。

我觉得基本上就是这么一个历程：

"哇，真好看。"

"不晓得好不好吃啊，我尝尝。"

"哇，真好吃。"

向日葵作为一种花朵美丽

的经济作物，肯定也是沿着这条路走过来的。在大航海时代掀起的全球物种交流（主要是美洲作物向外扩散）中，向日葵被带回了欧洲，然后，沿着太平洋航线来到吕宋岛，再从吕宋岛传入中国和其他东南亚各国。

对新作物的认识总是需要一个过程的，全世界都是如此。这种重要的油料作物，欧洲人最早是如何食用它的呢？采摘新鲜的花瓣，做成沙拉，而瓜子则晒干后磨成粉，替代咖啡冲泡饮用。

我想象了一下，生葵瓜子粉末冲泡后是什么样的口感呢？

中国人认识向日葵也是类似的过程，成书于明朝中后期的《群芳谱》中就有记载，当时的向日葵还只是被当成一种观赏植物来对待，并且名字也不叫向日葵，而是叫西番菊。

向日葵这个名字来自明末著名生活"KOL"文震亨，他在《长物志》写下了这么一笔："葵花，一日向日，别名西番莲。"

在花园里生长了几百年后，清末民初时，受俄国人的影响，向日葵才作为油料作物被重新认识。由于在东北的大规模种植之风也是由俄国人首倡，所以，向日葵瓜子也被称为毛嗑。

真是，没有无缘无故的爱恨，也没有无缘无故的名字呀。

一日一蔬，生活美学

◇ 鲜葵花盘

葵花子是人人都吃过的国民零食，有炒的，也有煮的。其实，有机会，我推荐你尝一尝新鲜的生葵花子。

葵花开过后，花瓣脱落，瓜子慢慢充盈，当整个花头沉甸甸地垂下来之后，就可以采摘品尝了。

新鲜的生瓜子壳极软，轻轻一剥就开了，果肉带着浓郁的清香，油润而不腻，配着清茶，足以消磨长日。

酸模小花放光华

保持矜贵姿态的同时，不放过任何一个发光的机会。

酸模，蓼科一类分布非常广泛的野草。由于味道酸而不涩，在很多地方都有把它当成野菜食用的传统，但也不算什么上得了台面的高级货。

然而，总有例外。比如红脉酸模和盾叶酸模，就成为高级西餐厅专属的配餐食材。

这两个名字听着有点陌生，但你一定见过这样的高冷摆盘。一份昂贵的牛排旁边，点缀着几片脉络红色的绿色小叶，极其醒目，这就是红脉酸模的幼叶。

一旦天气转热，红脉酸模的叶片就迅速变得粗硬苦涩，这时它差不多就要开花了！

但因为花朵太小，我忍不住要嫌弃："唉，米粒之珠，也放光华。"

其实瞪大眼睛看，米粒之珠还是挺美的，不仅是个小粉红，还勉强算得上是个重瓣，确切地说，是两重花被片。所谓花被片就是植物花朵中包住花蕊的部分。以我们常见的玫瑰来举例，它的花瓣和包在花瓣根部的绿色萼片，都是花被片。

很多在地球上出现得早，相对比较原始的花，花被片也比较原始。就像酸模这样，花分雌雄，雌花外面一片绿色的外花被片，里面一片红色的内花被片，花蕊会从红色的内花被片里伸出，花谢后，红色的部分就直接发育成瘦果。

实话实说，喜欢种菜的人自然课成绩都不错。

◇　红脉酸模是一种典型的幼叶蔬菜，一旦长大就不堪食用。

◇　细碎的花开过后，种子落在地上，就能实现自播。

特别篇
初夏有佳果

樱桃、枇杷、杏、李、杨梅……春夏之交的水果，甜美之外还各具风味，历来是入诗入画的题材。

"试把樱桃荐杯酒，欲将芍药赠何人。"

花开，果熟，配得起这一年中最美好的时光。

樱桃甘实

看见中国小樱桃，你就能明白为什么古人说它是娇果，这个"娇"字真的太传神了。

小樱桃的果皮几乎是半透明的，在五月阳光的映射下，连果肉的丝丝脉络都能看清，真可谓吹弹可破。

其实，北京的气候，是可以种植小樱桃的，但是因为产量低又不耐储运，商业价值远不如车厘子，所以种得少了。

从分类上来说，中国起源的樱桃分为两类。一类是中国樱桃，就是传统栽培的这类小樱桃；另一类叫毛樱桃，也叫山樱桃，主要以野生为主。毛樱桃果实有红有白，白的更偏向于一种淡奶油般的黄。

传统相声《三节会》里有一段关于怎么过五月节的贯口，就提到了红白樱桃："半斤红樱桃，半斤白樱桃，半斤黑白桑葚，五十巴旦杏。二十黄白粽子，二十芙蓉粽子。一篓子香菜，一篓子花椒。十朵玫瑰花。两把菖蒲，两把艾子。一两朱砂，一两雄黄。三丈神符，两张文武判儿。十块五福饽饽，三挂葫芦，还有五斤白面，一斤烧酒，一罐米醋，五斤黄花鱼，臭了还管换。"

　　这荤素搭配、花样齐全的小日子，真美！

核桃青果

核桃虽然要到白露节气才收获，但它其实开花结果都早，只是成熟需要很长的时间。

大多数人只吃过超市买来的干果核桃。看见树上挂的青色果实，很少有人能认出它来。

在自然课本上，核桃果实经常被拿来当作讲解的范本，因为它很有代表性。它的果皮分两层——外果皮与内果皮，内果皮就是我们熟悉的核桃壳，而外果皮则发育成了肉质，就是绿色的那部分。

核桃的花季在四月中旬，分雌雄花。但青棕色穗状花序在绿叶掩映下很不起眼，稍不注意就容易错过。直到看到小小的青果映入眼帘，才突然醒悟过来，啊，核桃花季已过了。

枇杷晚翠

《千字文》里说："枇杷晚翠，梧桐蚤凋。"蚤通早。八个字，描述了两种植物的自然习性。

《千字文》不仅是孩童开蒙的读本，大人读来也饶有趣味，它在保持文字之美的同时，尽可能地理性描述着这个世界，"日月盈昃，辰宿列张"，这是天文知识。"金生丽水，玉出昆冈"，这是地理常识。"骸垢想浴，执热愿凉"，这是朴素的生活态度。

"枇杷晚翠"是对这种植物习性的精确概括。

在悠长的进化中，枇杷采取了差异竞争原则，它避开了春季开花的高峰期，选择秋季作为花期，然后果实在春天成熟。所以，成了"果木中独备四时之气者"。

杏子红时着单衫

桃李争春。杏，熟得最早。

南朝民歌里有一首极美的《西洲曲》，在春夏的风景变幻中，将女子对情郎的思念娓娓道来。

"忆梅下西洲，折梅寄江北。单衫杏子红，双鬓鸦雏色。"女郎的身影跃然纸上。

杏子红是一种妩媚中带着点亲切的颜色。由此也可以推断，大白杏属于北方的传统品种，江南没有。不然，这首诗歌也许会改成单衫杏子黄什么的。

不管是红还是黄，杏子熟了的时候确实要换单衫了。

醋栗带酸

形容葡萄酒的香气，经常提到的一个词就是"黑加仑香"。

我不懂品酒，但是因为种植黑加仑，所以能够深刻地理解这种香气的曼妙。

黑加仑是一种茶藨子属的小型浆果树，比较正式的名字叫穗醋栗。加仑一词音译自 Currant（葡萄干）。由于这些果子成串生长，形似葡萄，又比葡萄个头小很多，所以称之为 Currant。

根据果实的颜色不同，又有红加仑、白加仑、黑加仑等。

各种醋栗是西餐中常见的装饰水果，因为它们无愧于名字中那个"醋"，即使是熟透了，也酸味十足。其中，黑加仑由于果香十分浓郁，还经常被做成酱料使用。而红加仑就只能用于摆盘了。

Chapter 4 | 盛夏蔬果香

◆ "是岁方盛夏，风物自潇洒。"

令人难忍的高温和暴晒，对园子里的夏季瓜果蔬菜来说，却是再适合不过的气候。

夏至麦秋

撬动历史的，并不都是大人物。

成书于西汉时期的《礼记·月令》中，对孟夏之月有"靡草死，麦秋至"的描述，后人注释说"此于时虽夏，于麦则秋，故云麦秋。"

6月中旬，北京郊区的小麦也进入了成熟期，麦田金灿灿一片，站在田边，确实有秋季丰收的喜悦感。

虽然小麦在华夏文明史上占据了重要位置，但实打实的，它是个外来客。

在先秦时代，北方主要种植的作物是谷子和糜子，也就是俗称的小米和黄米，还有其他一些杂粮作物。因为它们极为耐旱，能够在春季少雨的北方很好地生长，就是产量不高。

而原产于西亚的小麦，虽然种植难度不高，但是在生长期需要足够的浇灌，在自然降雨无法满足需求的情况下，就难以种植。

此时，地处陇西的秦国，开始大兴土木，修建了以郑国渠为代表的一系列水利工程设施。建成后，小麦种植量飞速增加，粮食丰收，整个国家的物质基础就夯实了。最终，一举实现了统一六国的大业。

要是那时候传入中国的是玉米，也许历史会改写呢！

红花药香

别看它在宫斗剧中的劣迹，其实，红花的姿态相当平易近人。

著名中药红花，开出来的花其实是橙黄色的。

根据晋朝张华所写的《博物志》中的说法，红花是跟随张骞从西域一起传入中国的，那时候，它叫黄蓝。"张骞使西域还，得大蒜、安石榴、胡桃、蒲桃、胡葱、苜蓿、胡荽、黄蓝。"

绿叶、橙红色的花，为什么叫黄蓝呢？

两个原因，第一个原因是红花初开的时候其实是暖黄色，开着开着慢慢地变橙了，快要开败的时候还会变成橙红色。第二个原因是它既含有丰富的红色素，可以染红帛，也含有丰富的黄色素，干草投入它的溶液中就会被染成黄色。

黄蓝的"蓝"字就更有趣了。中国人最早使用的染色植物是大蓝，也就是我们特别熟悉的万能中药板蓝根。蓝在古汉语中的意思是"染青艸也"，就是用来染出青色的草，就叫蓝。推而广之，能染色的草，也就可以被称为蓝。

所以，黄蓝的意思是能染出黄色的草。

不过，随着技术的进步和人们对于色彩的追求，到了唐代，红花已经被普遍用于染制红色绢帛了。红在中国古代是一种很稀罕、很高级的颜色，比黄和蓝都珍贵，所以，黄蓝也就顺势变成了红花。

　　补充一个吃货感兴趣的知识点，红花的嫩苗是可以吃的，称为"红花菜"，焯水凉拌，很是筋道。

◇　细看红花的花瓣，其实是从金黄到橙红的组合。

◇　没开花的红花，真有蔬菜的繁盛感。

鹅莓点灯笼

"譬如一灯燃百千灯，冥者皆明，明终不尽。"

茶藨子属约有150多个品种，大致根据结果习性，分为两类。一类是单个着果于枝上的，代表是鹅莓；一类是成串着果的，称为穗醋栗，代表是黑加仑。

二者都是北方区友好型小浆果树，虽说同属，但口味区别还是很明显的。

鹅莓植株密生尖刺，适宜作为树篱栽培。果实虽然是单个着生的，但无论是老枝还是新枝都能挂果，产量高，成熟以后香甜宜人，适合鲜食，成熟期在6月中下旬。

黑加仑不长刺，树叶有点像小型圆枫，做盆栽非常有格调。果实酸甜，风味足，适宜做酱或甜品点缀，鲜食的话，不怕酸可以尝一尝。

鹅莓这个名字是由Gooseberry直接翻译而来的。其实它有一个更形象的俗名——灯笼果，这个名字主要由果子外形而来，小而圆，薄薄的果皮下，维管束清晰可见，像是灯笼的骨架。

维管束可以大概理解成植物的毛细血管吧。

最有趣的是，鹅莓的尾部还自带一撮毛，就像灯笼上的流苏。

男男女女黄瓜花

～～～

大部分的瓜类蔬菜都是雌雄异花，这些雄花在完成授粉使命后，就可以拿来吃和玩了。其中，南瓜花、西葫芦花都是上好的食材，黄瓜花则可以用来烧汤。

草亦有道柳枝稷

～～～

柳枝稷是禾本科黍属高秆草本，原本只是北温带不起眼的野生植物，但现在它是科研热门对象。因为，这是一种生物质能源型牧草，如果对它的研究有所进展，也许人类会开发出一系列野草能源，来缓解能源危机。

燕燕于飞，慈姑登场

虽不标榜自己"出淤泥而不染"，但慈姑的纯洁与美有目共睹。

江南的水八仙是北方吃货永远的向往。以菱角始——处暑采菱，水芹、莼菜、鸡头米一一吃过。到了深秋，收藕、挖荸荠、起慈姑。然后，就该过年了。

我努力地种植了一小片慈姑，主要是因为慈姑相对好种。

白居易写过这样两句诗："树暗小巢藏巧妇，渠荒新叶长慈姑。"乍看有点奇幻，其实这不是说树上和水沟里藏着俩女的，而是两种生物的名字。

巧妇是一种鸟，学名叫鹪。慈姑是一种植物，就是慈姑。按李时珍的说法，慈姑缀生于根茎末端，像一群调皮的娃，所以被赋予了"一根岁生十二子，如慈姑之乳诸子，故以名之"的含义。

茨菰、慈姑、茨菇，都有使用，不太好分哪个是正名，我习惯写成慈姑。

这种水生蔬菜外形相当有识别度，叶似三角，分岔呈剪刀形，换个文艺的说法就是燕尾状。所以，它也有燕尾草和剪刀草的别名，英文名字就叫 Arrowhead，箭头草。不过，在欧洲国家，茨菇主要作为水景观赏植物而存在，食用不是主要价值。

大量食用茨菇的国家，除了中国，就是日本。大约是平安时代（794年—1192年）初期由中国传入日本的茨菇，因为相当适应这个国家温暖湿润的气候，加之产量稳定，所以在当地迅速传播开来。

慈姑好不好吃呢？单吃带着点清苦，用来做茨菇红烧肉才是正解啊！

一日一蔬，生活美学

◇ 慈姑水景

比起荷或者莲来，慈姑是对空间需求更小的水生植物，只需要一个小口径的略深的盆就能生长。而且它叶挺花美，作为观赏植物毫不逊色。

春天的时候，埋几个慈姑头下去，半盆土，半盆水。然后就可以安心观赏整个夏季了。

南山种矮豆

小而美，大而全，哪个更具竞争优势？

每年春夏之交，我都会穿插着种一波矮生多花菜豆。

菜豆种类繁多，最重要的就是菜豆和多花菜豆。前者就是我们最常吃的四季豆，而后者在欧洲国家种植比较普遍。仔细看西餐中出现的，都是这种细而滚圆的菜豆。

多花菜豆又分为爬藤、半爬藤和矮生等类型。矮生多花菜豆被称为Bush bean，因为它长得像迷你灌木，是一种以矮壮而高产著称的菜豆，高度只有普通四季豆的 1/10，所以不需要额外提供支撑。从播种到收获只需要六七十天，是豆类蔬菜中少有的速生品种。

所以，我经常把它推荐给阳台种菜的朋友们。

高产又好种，反响相当不错。只是有一点，结出来的菜豆，和我们常见的四季豆有点差异。四季豆扁平，豆粒明显；而这种菜豆是肉滚滚的，厚荚，豆粒小，显得颇为娇小玲珑。

不同的豆有不同的烹饪方式，这种小菜豆肉质细嫩，最适合煮熟后凉拌食用，是很好的一人食材料。

◇　无须搭架的菜豆，种起来格外省心。　◇　和我们常吃的四季豆比起来，菜豆是圆棍型的。

金贵万寿菊

　　万寿菊虽然不是能吃的菜，但却是有机菜园一定要种的效果上佳的防虫植物。

　　虽然花香很上头，但万寿菊驱虫并不在于它闻起来很臭，而在于它的根部能够分泌噻吩类化合物，对结根线虫害有非常好的防治效果。

稗草亦香

保护规则不够完善，原版就可能被山寨攻打至沦陷，这是令人难以接受的现实。

稗草在通常意义上并不被归入食材，确切地说，它是食材的敌人。

稗草，禾本科稗属，著名田间杂草，由于和稻麦长相类似，难以区分，长势又很奔放，所以历来被严防死守。

一个冷知识，我们通常说的败家子，其实这个败，原本是"稗"。在清朝人所著的一本笔记小说里提到："败当作稗。稗，所以害苗也。"

北方不种稻，旱稗也不算多，偶尔在田间发现一株稗子倒有点惊喜。顶着压力将它养大，等到大量抽穗时赶紧砍倒，送得远远的……我也不敢让它结籽成熟啊，这些种子一旦入土，能存活7年之久，只要气候适宜就自动萌发。

南方某些地方有吃稗子饼的习俗。李时珍在《本草纲目》中也提到："稗子亦可食用。"类似于小米或小麦，将草穗晒干脱壳，取得里面的种子，然后用来烙饼。还有酿稗子酒的做法，据说以湖南为多。没有亲眼见到过，姑且一记。

◇　稗子的穗看起来也很有丰收的样子。

◇　菜地里不敢随意让它生长，只有一株的种植额度。

番麦熟

对新事物的认识，总是从浅到深的。

番麦是什么？就是玉米，番邦传来的大型麦子是也。

几百年前，两撮相隔千万里的明朝人，不约而同地给这来自异域的大个儿粮食作物起了个番麦的名字。在明朝田艺衡写的《留青日札》中记载："御麦出于西番，旧名番麦，以其曾经进御，故名御麦。"

于是有研究者根据番麦这个名字的区域性流传，考证出玉米是兵分两路传入中国的，一条从印度、缅甸到云南，再扩散到我国东南各地；另一条则是由中东到我国西北地区，最早在甘肃一带种植。

在玉米最早种植的地区，它还被称为番麦，一为甘肃陇中，一为闽南区域。然而，在其他区域，玉米被叫作棒子、苞谷、玉蜀黍，就是没有叫番麦的。

马齿苋，生清凉

在夏日占尽风头后，马齿苋懂得在秋天从容地退场。

夏日最高产的野菜是谁呢？是马齿苋。

盛夏的气候正适合它"泛滥"，一波一波的除之不尽，我已经放弃管控了。反正，到了深秋它就会自行消失。

茎红、叶绿、花黄、根白、籽黑。别看小小一株野菜，在古人眼里，它是一味五行俱全的药材。什么蛇咬、虫叮、生疮、腹泻，统统都可以用得上。而现代研究证明了它的抗菌作用，对于金黄色葡萄球菌、大肠杆菌等常见细菌有明显的抑制作用，此外，在降血糖、防冠心病方面也有一定效果。

但是，马齿苋作为一种野菜也有明显短板，它的草酸含量非常高，所以，在食用的时候，一定要先焯水并挤掉汁液后再做料理。

这么说起来，民间流传的晒干马齿苋留待秋冬季节食用的方式，还是相当合理的。

秋葵伴夏日

～～～

　　秋葵黏糯清新的口感，很适合夏季。

　　原产于热带地区的秋葵，是作为特种蔬菜引入中国的，一度身份昂贵。其实，自己种了就知道，只要气温足够高，完全可以把秋葵当成野草来养。

瓠长茄短

无论长成多么千奇百怪的模样，它的味道都几乎没有改变。

想要生活过得去，茄子必须带点绿。

这话是我杜撰的，主要是为了强调茄子并不都是紫的，还有绿的、白的、黄的以及带有各种花纹的。

辣椒、土豆、西红柿和茄子，它们都是茄科的，这些茄科蔬菜能撑起全世界餐桌的半边天。而中国是茄子生产大国，产量占全球一半以上。

也许你会困惑地摸着脑袋说："我们并没有天天吃茄子呀？"

那是因为，其他国家的人更不常吃茄子。比起水煮就很好吃的土豆以及可以当水果生着吃的番茄来说，茄子要想味美，烹饪方法必须要跟上。要说把茄子做得好吃，那还得是我大中华。

原产于北非的茄子，很早就传入中国。在《齐民要术》中已经有记载。隋炀帝给它改了个名字叫"昆仑紫瓜"。唐宋时，茄子已经是广泛食用的蔬菜了。从南到北，茄子各种各样的吃法也层出不穷，炒着吃、酱着吃、糟着吃，晒成菜干慢慢吃……

吃茄子最登峰造极的，要数《红楼梦》中的一道茄鲞。可我觉得新收的嫩茄，没有什么比蒸着吃更原汁原味了。

◇ 茄子以紫色的最为常见，根据我的调查，北方偏好圆的，南方偏好长的。

◇ 白色的长茄。

松姿柳态地肤菜

野草的品格，远超乎你的想象。

唐代文人黄滔为隐居闽南的名士陈黯所著的文集作序，夸他："先生松姿柳态，山屹陂注，语默有程，进退可法。"我的理解，就是既有松的挺拔风骨，又有柳的柔顺近人。

野菜中的地肤菜，也有着松姿柳态的美。

假若你不认识地肤菜，第一眼看到这株高大圆润的植物，一定会被它"圈粉"。

地肤菜的长相很有识别度，幼苗的时候，它和诸多藜科野草没啥大区别，但一旦长成，就别具风姿，主茎挺拔，分枝均匀地分散生长，狭长的叶片（学名叫线状披针形叶片）柔顺地延展开，整个植株呈现相当有几何美感的长圆形。

在北方的乡间，地肤菜是极其常见的植物。然而，大家很少使用地肤菜这个优美的名字，十之八九都会叫它："扫帚菜"。因为，一，它长得像大扫帚，并且老硬枝条也确实可以用来扎扫帚；二，它是能吃的野菜。

在不同的人看来，地肤菜是不同的植物啊。

◇ 地肤菜柔顺的草叶既长且细。　　　◇ 地肤菜是一株相当吸睛的大草球。

特别篇
香草消夏

说到香草，给人留下最深刻的印象就是喜凉怕热，诸如百里香、迷迭香等都在春秋季表现最佳。

实则，也有大把香草在又热又闷的夏天照样生长良好，并且，以它们独具特色的风味为夏日增添趣味。

有香草相伴的夏天，是别样的美好。

端午采艾

"五月五日午，天师骑艾虎，蒲剑斩百邪，鬼魅入虎口。"

艾是端午节的标志性香草，它散发出的浓浓药香，成分以桉油精、樟脑、龙脑、松油醇、石竹烯为主，共同组成了一种菊科香草特有的醒神气息。

春日来临时，艾蓬勃生长，但药香味并不是特别浓，适宜采食。而到了端午前后，逐渐长大的艾叶，挥发油的含量最丰富，更适合药用。

揲蓍（shé shī）成卦

蓍草，菊科蓍草属的香草，可以入药，应用历史很悠久。不过，它最出名的用途，不是在医药领域，而是精神领域，它是用于占卜的"神草"。

揲蓍法，一种相当古老的起卦方法。传说中，伏羲氏根据白龟龟背图案，揲蓍画卦，创出六十四卦，然后敷演成《易经》。

我对这种奇奇怪怪的事情还都蛮有兴趣的，所以还去探究了一下揲蓍是怎么个揲法？

这是朱熹诠释的揲蓍法："一变所余之策，左一则右必三，左二则右亦二，左三则右必一，左四则右亦四；通挂一之策，不五则九，五以一其四而为奇，九以两其四而为耦，奇者三而耦者一也。"实在看不明白。

算了，没有慧根就不要探究神秘学文化了。简单地和蓍草相处吧，它是一种不错的花园植物，开花美，能过冬。除了白花蓍外，还有色彩众多的西洋蓍草，是观赏性很强的香草植物，值得一种。

别具风味，美国薄荷

美国薄荷，也可以称作马薄荷，原产于北美大陆东部，一直被印第安人作为药草使用，主要用途是抗菌和振奋精神。比如用它的汁液制成药膏，涂抹在伤口上——这是因为它的叶片里含有丰富的百里香酚成分。

美国薄荷的叶子可以用来泡茶，世界各地有各种类似的替代茶叶的植物，而这一种，由于是 Oswego 这个地方的原住民传统茶饮，所以，被叫作 Oswego tea。

我虽然没有喝过这种茶，但我生吃过美国薄荷的叶子，辛辣味道非常明显，它的地上部分是全株可食的，叶子和花都能扔进沙拉里，拌拌就吃。

不过这种食用方法显然不太符合中国人习惯，所以，国内引进美国薄荷主要是当观赏绿化植物。它适应性很强，长势壮，开花鲜艳，自带挥发性精油成分，自己不生虫，还能够帮助附近的蔬菜驱虫。

风送兰香

　　兰香，不是兰的香气，而是罗勒的别称。《齐民要术·种兰香》中说："兰香者，罗勒也。中国为石勒讳，故改。今人因以名焉。"

　　因为在意大利料理中广泛使用，所以罗勒给人的印象是典型的西餐香草，其实不然。在河南这片中原腹地，罗勒早就是一味家常凉菜了。只不过，在当地罗勒不叫罗勒，叫荆芥，俗名则各有不同，也有称之为荆荆菜的。在当地种植和食用的历史都很悠久。

　　为什么罗勒在河南落地生根？"罗勒者，生昆仑之丘，出西蛮之俗。"这与佛教传入中国的路线是一致的，而河南作为佛教在内地最早的传播地区，罗勒种子被携带来此，落地生根，而为荆芥。

　　罗勒也好，荆芥也罢，都是属于夏天的香草。

薄荷堪醉

没有薄荷的夏天是不完美的。

以清凉气息著称的薄荷，在夏季有百种吃法，通杀中西菜式。而自从去过云南，谁提到薄荷应该怎么吃，我第一个念头肯定是薄荷炒牛肉！

真不知道他们是用什么方式筛选出来这个神仙搭配的，薄荷炒牛肉辛香劲道，清凉爽口，配上白米饭，一会儿就吃得人满头大汗，如痴如醉。

相比起来，什么薄荷炒蛋、薄荷鱼汤、凉拌薄荷都得往后排。

不过，盛夏是薄荷的花季，如果以收获叶片为目标，就要不断地给园子里的薄荷"剃头"，即定期剪去已经开花的枝条，让新的嫩叶从根部萌发出来。

Part 4
丰盛之秋

夏去秋来，菜园里又是一番新气象。

"操风飘兮酌春酒，蹑露履兮锄秋蔬。"

◇

夏去秋来，天气渐凉，给人带来了舒爽的感受，蔬菜们也同样享受这个黄金季节。

这边厢，瓜果延续着繁盛；那边厢，新种的秋菜已经萌芽。秋日的菜园里，新旧交替的风景，虽然不像春日原野般纯粹的生机满满，但探寻起来却别有韵味。

踏着微凉的晨露，共同来感受蔬菜所呈现的秋之丰盛与静美吧。

Chapter 5 | **暑气渐消**

◆　物极必反，炎热难耐的时候，其实清凉已至。

　　在人类还没有感觉的时候，植物已有相当灵敏的反
应了。

白玉苦瓜如君子

在这个看脸的世界里，第一时间给人留下深刻的印象是相当重要的事情。

种了白玉苦瓜，就能读懂余光中那首著名的诗了："一只苦瓜 / 不再是涩苦 / 日磨月磋琢出深孕的清莹。"只不过，老先生吟咏的是台北故宫博物院的珍玩，而我面对的，是一只可以凉拌、可以榨汁的真苦瓜。

原产于亚洲热带地区的苦瓜，大约在北宋的时候传入中国。就像番茄从南美新大陆传入欧洲首先在花园里种植一样，苦瓜起初也是被当作观赏植物来看待的，连名字都是颇有诗意的"锦荔枝"。到了南宋，才正式进入食材界，因为味道清苦被命名为苦瓜。

苦，五味之一，苦瓜作为少数特具苦味的食材，在传统的养生文化中甚得肯定，比如李时珍在《本草纲目》里就说它"除邪热、解劳乏"，通俗地说就是去火，是夏日餐桌上必不可少的养生食材。

但是，苦，确实不是一种讨喜的口感，所以，现代育种业者致力于培养出口感更好的苦瓜品种。白玉苦瓜就是杰出代表，它脆而嫩，清苦多汁，几乎与水果的口感相近，用来与柑橘、苹果等配合榨汁，更是清甜宜人。

桔梗报秋

冲在前面的急性子，确实容易被看到。

单写下一个"桔"字，我想大多数人脑海里第一时间浮现的是酸甜可口的柑橘吧。

然而，这真的是一个张冠李戴从此追讨不回来的故事。

桔，最初指的是桔梗。《说文解字》里有明证："桔，桔梗药草也。从人，吉声。"而起源于中国的诸多柑橘属果树，包括橘、柚、柑、枳等并不以桔为名。

两者的混用始自 1977 年出台的《第二次简化字方案》，因为橘笔画较多，所以简化为读音相近的桔。但是，由于这次简化方案的诸多不合理，在九年后，这个方案被彻底废止了。橘，理论上不可以再简化为桔，不过，人们习惯了省事，很难再改回复杂。写法简单又好认的桔，从此作为一个俗体字就这样保留下来。

于是，桔梗默默地退让了。

它真的是一种优点多多的植物，颜值高又能药食两用，是著名的中药材，也是很棒的风味食材。著名的朝鲜族小菜"拌桔梗"，用的就是它白胖的根部。

赶在盛夏末尾开花的桔梗，是非常有时令感的植物。在日本，桔梗与萩花、瞿麦、泽兰等同列为《万叶集》中的秋七草，蓝色的花朵像星星一样开放，在暑热犹存的季节里，带来难得的清凉感。

看到桔梗花开，就知道，秋天不远了。

◇　春播的桔梗小苗，细弱的一茎。

◇　秋天桔梗开花的盛景。

瓜如明月照故人

花一点小小的心思，让生活亮起来。

一只搅瓜，吃完后，壳还可以做成照亮夜晚的灯。

顾名思义，搅瓜就是搅着吃的瓜。根据中国人一贯偏爱讨个口彩的习俗，它也经常被称为金丝绞瓜，形容其果肉黄澄似金。

用比较朴实的自然科学语言来形容，搅瓜，是南瓜属西葫芦的一个变种。清代植物学家吴其濬在《植物名实图考》中这样描述它："搅丝瓜生直隶，花叶俱如南瓜。瓜长尺余，色黄，瓤亦淡黄，自然成丝，宛如刀切。以箸搅取，油盐调食，味似撇蓝。"撇蓝就是茎蓝，一种以根茎为食用部位的甘蓝。

料理搅瓜的过程非常有趣。果实成熟后，其内部纤维发育得比较夸张，直接用筷子在瓜壳里搅啊搅，就能搅成一团丝状，在卖相上比较有特色。但口感上，它也并没有脱离西葫芦的范畴，清清淡淡的，味道主要靠调料。

搅完丝后，剩下的完整瓜壳还可以再利用一下，用刀子镂出圆孔，留出一个弯弯的月牙儿，在里头点上小蜡烛，一个颇有国画意境的搅瓜灯就完成了。

夏夜、搅瓜灯、薄荷茶，是一个令人很享受的组合。

美中不足，搅瓜做的灯的保质期太短，两三天就开始枯萎变质。没关系，瓜藤上新的果实已成熟了！

◇ 搅瓜的瓜肉呈现如粉丝般的条索状。

◇ 作为古老的乡间品种，搅瓜和大部分南瓜同类一样，在各种环境里都能适应。

满园葵藿，草木繁荣

朴素、自强，无论身处何地，这都是最值得敬佩的品性。

语文课本里要求背诵全诗的《十五从军征》里面提到了一种蔬菜——葵。

"舂谷持作饭，采葵持作羹。"

葵是今天的哪种蔬菜？

主流说法认为是今天俗称为冬寒菜的冬葵，它至今仍是西南地区秋冬季的常见蔬菜，是锦葵属的一种大叶植物。我也种过一季，因为北京的冬天太寒冷，后来就没再种。冬葵其实很貌美，贴地而生，叶片如扇，绿中带紫。

但也有另一种说法，认为古人所说的"葵"，其实是落葵，也就是我们熟悉的木耳菜。证据有几点：一、葵的篆书为一个类似于八爪鱼般四处伸展的字，代表着它是一种茎条柔软的蔓生植物，这与冬葵不符，却与落葵很像；二、《齐民要术》中详细描述了如何种植和收获葵，很多描述都更偏向木耳菜。

比如它既可以攀爬，又可以多留分枝，"去地一二寸"，茎和叶都可以吃。如果不及时采收嫩梢，则茎叶全硬，"所可用者，唯有叶心"。不过，也有对不上的地方，它提到"早种者，必秋耕"。众所周知，木耳菜是热带蔬菜，冬季露天种植，在中国大部分地区都是行不通的。

那么，就暂且存疑吧，希望随着以后的种植和学习，能了解更多。

无论是哪种葵，都是很好种的。撒下种子，它就能够蓬勃地生长，源源不断地贡献食材。

◇ 春末播种的木耳菜，刚长出来的时候是个矮胖子。

◇ 到了夏末就开始飘逸地抽条，显露出爬藤植物的本色。

盈袖丝瓜花

　　提到丝瓜，大家总是觉得它是夏天的时令蔬菜。其实根据我的
观察，丝瓜在夏季确实生长旺盛，但主要长藤蔓枝叶，少量地开花
结瓜。直到天气渐凉的夏末，它才进入开花结果的爆发期。初秋的
时候，丝瓜开了满架的花，金黄的，花瓣轻薄娇嫩，在微风中颤动，
实在是很美的田园风光。

芦笋纳新凉

失之东隅，收之桑榆。

芦笋是蔬菜里比较少见的雌雄异株植物，只有雌株才会结果，嫩果是青色的，在夏末秋初的时候，会慢慢转为鲜艳的橙红色。

众所周知，开花结果是要消耗大量营养的，所以，雌芦笋新发嫩茎的数量较雄芦笋明显要少。在商业规模种植中，这种产量上的差距是不可忽视的，所以，商业上一般使用全雄芦笋种苗。但种菜爱好者不必那么讲究，而且，雌芦笋在挂果之后，颜值陡升。可是相当不错的插花素材呢。

青色的茎，毛茸茸的叶片，点缀着一粒粒亮眼的红色果实。最棒的是，这些红果在花瓶里可以维持很长时间，是秋冬季很难得的亮色干花。

采几枝，插起来吧，配着同样在这个季节盛开的橙红色茑萝，鲜明火热的色彩，却因疏朗的姿态，带来了一丝清凉。

一种蔬菜，在春天提供美味，在秋天提供有趣的花材，在其他的季节几乎无须照料，真的是有君子一般的品质！

收二荆条，乐不思蜀

脱颖而出，需要靠绝对的实力。

作为辣椒的地理标志产品，产于四川西充的二荆条算得上是土生土长的"网红"，它不仅自己红，同时还造就了郫县豆瓣的独一无二，是四川人最爱的辣椒品种，要不要加之一呢？这个还不太敢下定论。毕竟整个西南地区是辣椒的红海区，竞争相当激烈，转椒、牛角椒、邱北辣、鸡爪椒……无数乡土品种辣椒，都相当有实力。

和普通线椒相比，二荆条外形上有一个很明显的特征，椒角细长，椒尖通常呈"J"形弯钩，我仔细地观察了这一片辣椒，确实如此，十椒九弯，剩下一个它还没长成。

收下一小把来，倒插在瓶中，轻微的弧度，赋予了二荆条辣椒不同于朝天椒的婀娜委婉，像一团随风飘扬的火苗。

二荆条独具一种浓郁的香气，除了鲜食之外，将它晒干后熬制的辣椒油，别具一种鲜焦香，风味独特，令人一吃难忘。所以它能够走出四川，风靡各地，连在北京郊区的我，也不能免俗地种起了二荆条。

在辣度方面，川菜书对它的评价是"辣味适中"，但是，这个适中就跟四川火锅店的微辣一样，你得掂量着来看，非西南土著人士切勿高估自己吃辣的实力！

◇ 硕果累累的二荆条植株。

◇ 另一个辣度高的品种，圆胖的外形和二荆条截然不同。

一瓢

生长在郊野中，它是无数爱情故事的见证者。

萝藦（luó mó）进入了结果期，一根藤上少说也有十来个果实，挂在那里颇有些野趣，偶尔驻足，摘一个尝尝，还是小时候的味道。

青色的嫩果摘下来，千万不要整个塞到嘴里。要撕开外皮，吃里面黏附在种子上的白色絮状物，味道有点清甜。对生长在物资匮乏年代的孩子来说，这也算是一种零食吧。

《本草纲目》中有对它的记载"子似瓢形，大如枣许，故名雀瓢。"

根据字面意思，会不会浪漫地理解为它可以作为小鸟喝水用的瓢？其实，"雀"字比较普遍的俗称是"小丁丁"，比如，传统中国结里有一种雀结，形状更为写实，一看即懂。

其实，早在《诗经》中，萝藦就已经与男性特征扯上关系了，最著名的是《卫风·芄兰》："芄兰之支，童子佩觿（xī）。虽则佩觿，能不我知。容兮遂兮，垂带悸兮。"

芄兰是萝藦的古称，支就是果实，觿又是什么呢，一种由解开绳结所用的锥形器演变过来的装饰物，萝藦的果实、觿、男子的性器官，它们三个就是"吉祥的一家"。

整首诗用白话迅速地翻译一下就是，佩戴着觿和韘这些风骚装饰的男子，却对我不闻不看，唉，可是我还是为他的风姿所倾倒呀。

《诗三百》，思无邪。

◇　萝藦分布广泛，它极具识别度的果实，拥有上百个不同的俗名。

◇　白色絮状物便是它的可食部分。

越蕹（wèng）长茎

能屈能伸，不放过一切扩展领地的机会，空心菜生动地诠释了什么叫适者生存。

空心菜、通菜、蕹菜、藤藤菜……这些名字都属于同一种蔬菜，是旋花科番薯属一种原产热带的植物，在大江南北广为栽培，是夏季特别常见的绿叶菜。

空心菜在中国的栽培历史很悠久，早在晋代就有记载："蕹，叶如落葵而小，性冷味甘。南人编苇为筏，作小孔浮于水上，种子于水中，则如萍根浮水面。及长，茎叶皆出于苇筏孔中，随水上下，南方之奇蔬也。"

这段话的大概意思是说，南方人用芦苇帘铺在水面上当成田地，种子在水中，茎叶则从苇席的孔洞中钻出来，既干净又利于收获。北方没有这个条件，但好在空心菜适应能力强，在旱地上种植，长势也相当旺盛。虽然在挑剔的吃货尝来，地栽的没有水培的鲜嫩，但这点儿差别在日常生活中是可以忽略的。

空心菜可以播种，也可以扦插。剪一截新鲜的尖梢插在水瓶里就行。水养几天之后，就能看到茎节处发出白嫩的须根。养在窗台上，虽然是蔬菜，倒也别有一份雅致之美。

◇ 空心菜叶有宽窄之分，被诗意地称为大叶、竹叶。

◇ 光照和热量都充足的前提下，空心菜才会开花，白色的喇叭状花朵，令人惊艳。

韭花如雪

人生绝非一成不变，在适当的时候做适当的事，这样才不会有遗憾。

韭花是白的，开起来完全超越了蔬菜应有的颜值，满畦落雪。不过，能欣赏到这种美景的，多半都不是什么合格的菜农，因为开花要大量消耗营养，相较于及时拔去花薹，要少收两到三茬韭菜。

从春至秋，韭菜会经历三次食材的变身——韭菜、韭薹、韭花，对应的依次是叶子、花骨朵和盛开的花。前两者都很鲜嫩，可以炒着吃，第三位一般用来做酱，因为纤维老化，直接吃已经嚼不烂了。

大暑过后，韭菜开始抽薹，细长的花茎上是如水滴一般的花苞，菜农把它摘下来，扎把出售。如果任由它继续生长，就会开花。

韭菜花是初秋的风物，1100多年前，午睡醒来的杨凝式收到了朋友送来的韭花，配着肥美的羊羔肉，吃了一顿风味甚佳的下午茶。心满意足之余，他给朋友写了一封感谢信，这就是著名的《韭花贴》。

"昼寝乍兴，輖饥正甚，忽蒙简翰，猥赐盘飧，当一叶报秋之初，乃韭花逞味之始，助其肥羜，实谓珍馐。充腹之馀，铭肌载切。谨修状陈谢伏惟鉴察。"

通过这短短的几十字，我总结了两个要点：一、此贴作于七月十一，换算成公历差不多是八月初，"伊洛之间"的韭花开得比华北要早。二、韭花要配小肥羊。

我差的是韭花吗？不，我差的是小肥羊！

~~~~~~~~~~~~~~~~~~~~

一日一蔬，生活美学

◇ 韭花酱

植物开花为的是繁衍后代，韭花开过后，会陆续结出满头绿色的种荚，在这个时候就不要迟疑了，赶紧把这些还比较肥嫩的种荚剪下来，这是做韭花酱的好材料。

以我的经验来说，花和种荚的比例在2∶8左右时候口感最好。韭花洗净，晾干，加姜末、盐、苹果块，搅拌成糊状装瓶，静候发酵即可。

暗绿色的韭花酱是北京冬天涮羊肉必不可少的调料。

羽衣入梦

令人产生美妙的联想——这就赢下五成了。

起个好名字有多重要？看看羽衣甘蓝就知道了。

羽衣甘蓝是这几年一直人气颇旺的"网红"蔬菜，但其实它并不太适合中餐的烹饪方式，因此始终被局限于健康轻食的范畴。奇怪的是，大家一边嚷着羽衣甘蓝不怎么好吃，一边又频频点单……这里头究竟有什么奥秘呢？

当然，羽衣甘蓝是一种营养价值很高的食材，低热量，营养成分全面，有已经被证实的防癌功效，这些优点，大部分甘蓝类蔬菜都具备，同属的紫甘蓝还额外富含花青素呢。为何羽衣甘蓝备受关注呢？

因为出身和颜值，这是羽衣甘蓝的独特优势。它走红于国外的高级有机餐厅，初登场就是一派高级食材的风范。颜值更是没得挑，密密的褶皱卷边令人一见难忘，也难怪在引进种植的时候，科研工作者能将朴实描述特点的"curly kale"翻译成了非常文艺风的"羽衣甘蓝"。

何谓羽衣？古人织鸟羽为衣，"取其神僊飞翔之意也"，这种原始的信仰后来在魏晋游仙诗中，就逐渐演变为神仙装束，"濯发冒云冠，浣身被羽衣""被我羽衣乘飞龙"等，不一而足。

吃神仙食材，是不是就可以想象自己是美美的小仙女啦？

扫码立领
★园艺指南 ★花艺美图
★本书配乐 ★生活艺术
★交流社群

特别篇
乡土之风，尽在野花风流

凉爽的早秋，是植物生长的黄金季节，野花野草也赶着这个时节繁盛起来，开花、结果，在原野上竞相热闹着。

乡土，是中国人的根，中国人的魂。而野花，是点缀于乡土之上的一点自在风流。

鸡冠明目

　　鸡冠花，北方乡间常见的野花，花穗如火炬，在秋天的原野上很是惹人注目。

　　说它是野花其实不太准确，因为现在普遍种植的这类鸡冠花，是原生品种青葙杂交育种后获得的。它的植株较青葙矮壮，花色也更为多样。但值得表扬的是，它保留了原生品种的强健习性，只要种过一次，就能年年在房前屋后盛开。

旋覆盗秋

秋季开放的旋覆花，经常被人误认为野菊花。倒也没错，它确实是一种菊科植物，旋覆花属，广泛分布于欧亚大陆，作为野花和药用植物，有悠久的应用历史。

旋覆花这个名字不太好记，我提供一个方法：金灿灿的＝炫富＝旋覆。

旋覆花还有一个特别形而上的别名，叫盗庚。《尔雅·释草》中说"覆，盗庚"，什么意思呢？庚者，金也。旋覆是在夏末盛开的黄花，是盗取了秋季对应"金气"。

不要小看野花，野花也是很有内涵的。

蓖麻得雨

很难想象，位列世界十大油料作物之一的蓖麻在乡间的地位却一直不高。一株特别高大的野草，人们对它的印象仅此而已。

原生于南亚热带地区的蓖麻，随着佛教东传进入中国。早在魏晋时代就有关于它的药用记录。种子可以榨油，但这种油有微毒不能食用。用来做灯油吧，燃烧的时候还会散发难闻的气味。所以一直没能以经济作物的身份大放光芒。

进入工业社会后，蓖麻油作为重要的化工原料被广泛应用，整个产业才得到长足发展。

我在园子里特地种了一棵蓖麻，春天播种，夏末就长到了两米多高，真是气派十足的植物啊。

萱草忘忧

"萱草，处处田野有之。"这是宋代人的描述。

萱草是一种原生于中国的观赏、药用植物，先秦时便在人们的生活中广泛应用。古人认为它有忘忧的功效。但这个忘忧是通过观赏获得，还是食用起效，至今说法不一。而由忘忧又引申出孝顺母亲之意，有个寓意很美的成语叫"椿萱并茂"，椿指代父亲，萱指代母亲。

今天在城市绿化带中，萱草是特别常见的植物，它习性强健，耐旱耐寒，花期可以延绵四五个月之久。一抹温暖的黄色，随处可见。

道旁朝颜

　　日本人把牵牛花的园艺品种称为朝颜，即清晨的容颜，听起来颇有诗意。其实，牵牛花这个十足接地气的名字，也并不粗陋。

　　人们最早认识牵牛花，是通过它可以入药的黑色种子。入药时被称为黑丑，而丑属牛。所以，这种蔓细枝长的野花，摇身一变，就成了牵牛花。

　　虽然是寻常的野花，牵牛花却是入画入诗的植物。院墙边、篱笆上，只要有一点儿空地，牵牛花就可以在此生根。从夏至秋，一朵朵或紫，或粉，或蓝的牵牛花，此起彼伏地开着，是属于人间烟火的情调。

苘麻随风

苘麻的苘（qíng）字，看着简单要读准还真是有点难度，古字为檾，看这丝丝缕缕的结构，就知道它代表着一种能够贡献织物纤维的植物。

没错，苘麻的应用历史非常悠久，在先秦时代，人们就取它的皮做麻，缝制衣物、搓制麻绳。不过，由于质地粗糙，后来就被其他麻类植物取代了，渐渐沦落为田间野草，为孩子们提供一些单纯的乐趣。《本草纲目》说："其嫩子，小儿亦食之。"

苘麻叶片宽大，开黄色花朵，最有特色的是它的种荚，从侧面看很像磨盘或是车轮，所以，又有个别名叫车轮草。

Chapter 6 | 秋蔬呈新

◆ 俗话说："十月小阳春。"
  没有亲自与土地打过交道的人，很难想象，在秋
  意正浓的时候，田野间居然处处有新绿。

白露收核桃

在这个世界上，谁不是用一层坚硬的外壳，牢牢地保护住自己柔软的内心呢？

"白露到，打核桃。"

青色的果实渐渐有了枯意，抬头一看，是收获的时候了。找到竹竿，挨个儿把枝头的果实敲下来。这种略显粗暴的收获方式是有缘由的。核桃壳外还包裹着厚厚的果肉，并不担心从高处掉下来摔坏，所以，随意就好。如果真能摔裂，倒还省了后续的费力砸开！

核桃果是青色的，所以在文玩市场上，剥文玩核桃也叫开青皮。它乍看有点像梨，不明就里的胆大吃货，肯定有摘下来就啃的。不过，啃了第一口就会立刻放弃，因为这层青色的果肉既涩且苦，完全不是想象中的味道。

去除厚厚一层青白色的果肉，才看出平常吃的硬壳核桃模样，再敲开这硬硬的壳，终于获得了真正的食材——核桃仁。且慢，还要再刮掉上面的一层薄膜。为了这口时令风味，再怎么麻烦都认了！

新收的核桃仁鲜嫩甘甜，和作为坚果出售的核桃吃起来是两种口感。因为水分含量足够高，嚼起来既清又嫩，味如酥酪，拌上各种鲜嫩的绿叶，是相当受欢迎的佐餐小菜。

每年白露时，我都惦记着吃鲜核桃，短短一个月里限时供应的季节风味，足够回味一整年。

萝卜来福

国民蔬菜，一定要足够接地气。

　　萝卜，是中国种植历史最悠久的根茎类蔬菜之一，在《诗经》中被称为"庐"，"中田有庐，疆场有瓜。是剥是菹，献之皇祖。"大义就是田里有萝卜，田埂边长着瓜，剥的剥，菹的菹，用于祭献祖先。

　　《说文·艸部》中解释："芦，芦菔也。"之后，在传播过程中，由于各地读音差异，芦菔也有读成莱菔的，这就是李时珍在《本草纲目》中提到的："莱菔乃根名，上古谓之芦菔，中古谓之莱菔，后世讹谓萝卜。"其中，莱菔这个读音由于比较讨喜，被更多地接受和保留。一个证明是，萝卜子入药不叫萝卜子，叫莱菔子。

可惜的是，莱菔怎么在流传中转音转成了萝卜。如果换个同音字，就叫来福，多喜庆啊。这样，我们今天吃到的就是大来福、水来福、樱桃来福了……

秋天是种萝卜最好的季节，赶在立秋时节播种大萝卜，而小型的樱桃萝卜和手指萝卜也可以在这个季节持续播种，由于温度适宜，秋天的小萝卜水头足，肉质嫩，可以从 9 月下旬一直收获到 11 月初。

一碟红艳艳的拍萝卜，嚼起来是属于秋日的利落爽脆。

◇　传统的水萝卜，也属于小萝卜类型。

◇　新培育的小型萝卜品种相当丰富。

枣大如瓜

一说枣大如瓜，就立刻让人联想到神仙吃的灵物，不然，枣哪能长到瓜那么大呢？

"楚王好细腰，宫中多饿死。"汉武帝好神仙，所以在他当政的时候，"神棍"层出不穷。《史记·孝武本纪》里整篇描述的都是汉武帝如何求仙问道，然后又一次次被"打脸"的经历。其中便有一次，留下了"枣大如瓜"这个游仙诗中常见的典故。

著名方士李少君忽悠汉武帝说："臣尝游海上，见安期生，食巨枣，大如瓜。"安期生是道教有名有号的真人之一，于是，这巨枣后来也被称为安期枣，成为仙家食材的代表之一。

世界上有没有大如瓜的枣呢？没有。

现在我们能吃到的各类枣中，个头最大的当属海南青枣。它是枣属植滇刺枣人工改良培育的品种，个头比苹果小不了多少，吃起来脆嫩无渣。但是和传统枣的味道却是有所差异的。

再数个头大的枣，就得轮到冬枣了。冬枣是起源于河北黄骅的一个特定品种，以甜度高、肉脆、个大、枣香浓郁为特征，后来逐渐推广开来，山东沾化、陕西大荔都是著名的冬枣产区。

北京的特产是马牙枣，因为它下圆上尖，尖头还略微歪向一边，形如马牙而得名。这种枣并不以个头见长，但香脆清甜，是华北秋天的特色果品之一。

一见水果摊上有马牙枣卖，便知秋天到了。

◇　马牙枣快要成熟时，表皮会从青绿变成白绿。

◇　枣树是华北常见的乡土果树。

大叶生风

没有什么完美的选择，只看你最需要的是什么。

懒人种菜，叶甜菜是一个特别好的选择。

叶甜菜，俗名牛皮菜，是藜科甜菜属的一个栽培变种，是以食用叶子为主的甜菜，魏晋时传入中国，在西南地区种植较广。相对应的，还有一类以根部作为炼糖食材的品种，称为根甜菜，或泛称为甜菜，20世纪初引入中国，主要在东北种植。

随着有机健康饮食潮流的兴起，叶甜菜也有了走红的机遇。它热量低、纤维素含量高，且具备不错的抗氧化能力，所以从国外红到国内。为了与土气的牛皮菜相区别，它还另外有了一个很"网红"的名字，叫莙荙菜。莙荙二字听着玄妙，其实就是 Chard（叶甜菜英文名称）的音译。

我每年都种一些叶甜菜。一是因为它足够美貌，而且叶色多样，除了常见的红梗绿叶、红梗紫叶，还有白梗绿叶、黄梗绿叶、粉梗绿叶等多种选择。二来呢，这家伙确实是个夯货，高大气派，叶片也长得肥硕，五六片就够一盘儿。而且能持续收获，3月底播种，能从5月收到10月。它和羽衣甘蓝一样，都是北京露地种植中难得的老母鸡型蔬菜。

叶甜菜有多好种呢？吴其浚在《植物名实图考》中这样评价它："易种易肥，老圃之惰懒者种之。"

哼，我懒惰，我骄傲。

撒豆成兵

～～～～

做餐桌花艺的时候，如果手边没有合适的花瓶，或者是想展示更多的创意，建议尝试一下用长条形食材自制瓶器，比如菜豆。

找根丝带，选择长短粗细差不多的菜豆，扎成束状，随意点缀几朵鲜花就大功告成了。

洋姜花满路

～～～～

一入秋，洋姜花就陆陆续续开放了。

虽然名字里有个姜，但它却是不折不扣的菊科植物，和向日葵是近亲，所以开起花来也颇有葵花的风姿，高大而耀眼，在北京郊区的农田时常可见。

令人想不到的是，它居然很适合做鲜切花。我测试了一下，水插一周仍然能保持不错的状态，在草本切花里，这是相当优秀的表现。

果名长生

一枚小小花生，也有勇气踏上星辰大海的征途。

花生究竟是怎么完成从花到果的过程的？说真的，这个问题小学自然课就涉及了，但我一直到自己种了两三年花生后，才算对这个过程真正理解。

播种、生长、开花，这些步骤和其他植物没啥区别。重点是在开出了黄色的蝶形小花之后，不能就地结果。由于遗传机制的作用，花生必须要在黑暗、湿润的环境中，才能发育荚果。就这迫使开在枝头的花，必须想办法自己钻到土里去。

这和土豆、萝卜什么的可不一样。土豆虽然也是地上开花，地下结"果"，但那个果其实是膨大的根茎。真正的土豆开花后结的果荚，在日常种植中很少见到。

没法投机取巧的花生，踏踏实实地开始探索如何入土。

首先，它像针一样的子房柄开始不断伸长，短的几厘米，长的有十几厘米，甚至更长。这根针被俗称为"果针"，就是有时能在花生屁股上见到的一根细长的柄。

当果针扎入泥土后，还要再往下深入一段，直到它确定环境足够黑暗温暖，才终于结束了疲惫的旅程，就地躺下。然后顶端的子房开始发育，慢慢长成白胖的花生。

　　一颗颗花生前赴后继，响应着来自于大地的呼唤……这就是植物界的大马哈鱼洄游啊。

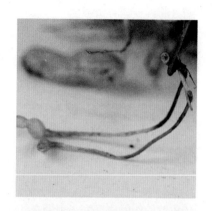

◇　每粒花生都自带一根长长的"果针"。

◇　花生的花朵很小，但明亮的黄色很惹眼。

秋分卜吉

秋分节气，也是 2018 年新设立的中国农民丰收节。

在华北、中原农业区，秋分正是初秋与深秋的分界线，小米、晚稻、秋播玉米、高粱等大宗农作物，都即将迎来收获期。而白菜、芥菜、萝卜等北方主要冬储菜也基本长成，正是一个名副其实的丰收季。

芥蓝飞白

一个处于边缘的位置，并不意味着什么。

没有及时收获的芥蓝，试探着打开了一朵白色四瓣小花，在一片蓝绿色里，颇有种飞白的雅致之美。

小规模种植芥蓝就是有这个苦恼，因为基础数量不够大，所以，要凑足一盘儿都处于最佳收获期的花薹很难。它们的长势总是参差不齐，有的已经开花，有的才刚刚现蕾。大多数花苞刚刚现色时的芥蓝，最为肥美。

和大部分甘蓝家族的成员一样，芥蓝同样怕热。不过，由于它的生长期较菜花、卷心菜明显要短，所以在北方的春秋两季都还勉强可以抢种一拨，秋植收获更靠谱。而且，现在除了传统的以花薹为主要食用部分的品种，还出现了叶子同样美味的品种，这样一来，收获就更有把握了。

和菜花、西蓝花一样，芥蓝也是 7 月下旬育苗，8 月中旬移栽。这样，它就能在凉爽的秋天里愉快地长大。

收芥蓝最好用刀片，薄薄的刀片切入嫩茎，唰地一下就割下来了，收十来棵就够来个白灼或是清炒芥蓝了。芥蓝炒牛肉也很好吃，嚼起来咔嚓咔嚓，确实像苏东坡写的那样："芥蓝如菌蕈，脆美牙颊响。"

感谢"大吃货"兼大诗人苏东坡，他的这首《雨后行菜圃》，让芥蓝之名首见于文字记载，此诗作于他被贬居广东惠州之时。虽然政治上郁郁不得志，但在生活上，惠州这段时光给苏东坡留下了美好回忆——主要体现在美食上。著名的"日啖荔枝三百颗，不辞长作岭南人"也是作于此时。

嗯，美食果然是人生最好的疗愈剂啊。

一日一蔬，生活美学

◇ 白灼芥蓝

只有品尝到食材的本味，你才会深刻理解吃当时、当地食物的必要性。所以，自己种的菜，切记能生吃就生吃，能白灼就白灼。

取新鲜芥蓝，在清水锅内加少许油，煮沸后放入芥蓝，微微变色即可捞起，然后加调料汁即可。

广种紫苏

每一段成长的时光，都有其存在的意义。

"秋风起，蟹儿肥。"

家传烹饪方式一个：蒸蟹的时候，下面垫一片紫苏叶，功能是提香去腥。不过我一般都铺三片，有时候也铺五片——因为紫苏有余而蟹不足啊！

郁郁葱葱的一小片紫苏，从5月吃到了10月。春天的时候采嫩叶挂面糊炸着吃；夏天的时候炒黄瓜、炒田螺、炖鱼；到了初秋，蒸蟹、配生鱼片都很好；到了深秋，就是收紫苏籽的时候了。

紫苏籽是少有人知的风味食材，不过，近来随着紫苏馅汤圆的走红，它也是小小地出了个圈。

中秋前后，正是紫苏的花季。它的花朵是淡紫色的，和大部分唇形科香草一样，小小的一朵，并不显眼。开过花，绿色苞片里便生出了嫩种荚。再过大半个月，种荚膨大，苞片渐渐枯干，这时候就得赶紧剪下来，平铺，在秋天的阳光里晒干。轻轻摇落，就能得到紫苏籽。

如果不及时剪下来，任它在枝头自然成熟也行，但那样种荚就会裂开，黑褐色的种子大部分会弹射出来，落在深色的土壤里可就再也找不着了。

不过，那样明年这里就会蓬勃地发出一片紫苏苗。

年复一年，紫苏丰茂。

◇ 紫苏的种荚。

◇ 紫苏长势极壮，一株就足够全家食用。

茴香花落不言归

～～～～

　　茴香花谢了以后，结出的种子，就是我们熟悉的调料——小茴香。它的花初始是淡绿色的，渐渐成熟后转为灰绿色，顶在枝头，也是秋天的一道风景。

扫码立领

★ 园艺指南 ★ 花艺美图
★ 本书配乐 ★ 生活艺术
★ 交流社群

特别篇
瓜有百态

❧

"七月食瓜，八月断壶。"

从夏至秋，瓜是中国人季节食谱里最重要的角色。黄瓜、丝瓜、西瓜、菜瓜、甜瓜、冬瓜、苦瓜、瓠瓜、南瓜……一路吃过来。

金灿灿的南瓜堆满原野，秋意浓了，吃瓜的季节要过去了。

栝（guā）楼药香

栝楼是日常生活中很少接触到的一种瓜，但它的药用历史非常悠久，早在《神农本草经》中就有记载，也屡见于诗文，拥有诸多更为生僻的别名，如果裸、泽巨、泽冶、天瓜、王白、泽姑……

栝楼，葫芦科栝楼属，爬藤植物，开非常有特色的白花，花瓣末瓣深裂成丝状，因为花形独特所以经常在科普文章中出现。

现在中药词典中多把它的名字写作瓜蒌，因为这两个字相对好认些，在药铺中，瓜蒌皮、瓜蒌子、天花粉（由它的块状根茎晒干磨制而成）都是常见药材。

除了药用，清炒栝楼子是一种颇能打发时间的零食，嗑起来很香。

丝瓜藤下

秋凉时收获的丝瓜，味道也似乎染上了一点秋意，更为清淡爽口。

除了收瓜外，这时候的丝瓜尖也能列入收获范畴了。夏季时不舍得收，是因为要留着结瓜，而天气变凉的时候，就不再做那么长远的打算了。

翻阅陆游《老学庵笔记》，又获得了一条有关丝瓜的冷知识："用蜀中贡余纸先去墨，徐以丝瓜磨洗，余渍皆尽，而不损砚。"

我还是挺相信陆游的，因为他不仅诗文出众，而且中年后隐居种菜，算得上是既有理论又有实践的人。

银钩蛇豆

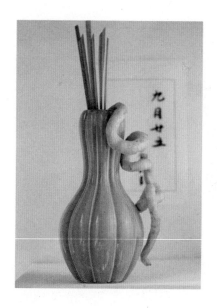

蛇豆虽然名字里带个"豆"字，但本质上是瓜，葫芦科栝楼属，原生于南亚热带区域，从印度传入中国。而本土植物中，和它血缘最近的就是栝楼了。

这种植物的果实长而弯折，颜色灰白或灰绿，与蛇十分类似，全世界人民都注意到了它的这个特征，英文名字也与蛇有关——Snake gourd。而由于它太过于细长，与大家印象里以圆胖为主要体形的瓜相去甚远，所以被喜欢吃豆的中国人叫成了蛇豆。

蛇豆怎么吃？像其他瓜一样，削皮去瓤，切片，炒着吃、炖着吃都行。

东门种南瓜

十月，秋意渐浓，南瓜的长势居然还是相当旺盛，源源不断地开花、结果、长新梢，看似一片繁荣。实则都是无用功，考虑到北京10月便会来临的初霜，这时候结的嫩果已经没有充足的时间长成了。

老祖宗早在《齐民要术·种瓜·第十四》中教导我们说："八月，断其梢，减其实，一本但留五六枚。"

所以，秋天的餐桌上，又新添了彩蛋——群虎头虎脑的小南瓜。

不得不说，幼南瓜真的太好吃了，混着南瓜尖一起小炒，在口感粗粝的南瓜藤间，忽然咀嚼到一口极其鲜嫩的南瓜肉，那滋味，难以形容啊！

Chapter 7 | **秋深，万物收**

◆ 收获的季节令人欣喜，也带着点淡淡的感伤，一年的
　　耕作要告一段落了。

　　在秋风里，尽情享受这与自然相处的快乐吧。

癫狂一瓠

在器具与蔬菜间，瓠子摇摆了几千年。

我因为瓠子产量过高而产生的怨念持续了整个夏季，在初秋时终于消散了。现在，栏架上只挂着三四个零落的老瓠子，那是留着冬天做容器用的。至于能做成瓢还是瓶，就要看它们的品质如何了。

瓠子是葫芦的变种，中国人种植这种既可以当菜吃，又有器物之用的植物已大约有 7000 年，在河姆渡遗址中已经有葫芦子存在，在《诗经》中也多有出现。早期的"瓠""匏"和"壶"是相通的，后来，随着栽培品种的分化，才把瓠子和葫芦区分开。头尾一般粗的长瓜形，称为瓠子，主要用作蔬菜；有腰身的叫葫芦，主要用作器具。

但这个分类不是绝对的，嫩葫芦是可以吃的，而老瓠子也是可以用来做器具的。

在《逍遥游》中，惠子种出了五石大瓠，因为过大，惠子发愁它没法用来当瓢。于是，庄子给了他一个建议："今子有五石之瓠，何不虑以为大樽而浮于江湖，而忧其瓠落无所容？"

"粗暴"的翻译就是："带上它，一起去浪啊！"

◇　瓠子是一种产量惊人的蔬菜。　　◇　瓠子花就是《源氏物语》里所提到的夕颜花。

西风吹塔铃

不开心的事，就把它当成一粒泡泡，"啪"的一声拍碎，就算过去了。

倒地铃是一种解压植物，每个捏过它的人都表示赞同这个观点。

在植物学分类上，它属于无患子科，无患子科好吃的有啥呢？荔枝、龙眼……这一科主要分布在热带地区，北方最常见的估计就是栾树了。

栾树那像泡泡一样的果实，是很多北方小学生上好的自然观察素材。倒地铃的泡泡状果实，比栾树结得更多、更有趣，所以它的英文名字就叫Balloon vine，直译就是气球藤。

另外它还有一个别名也很有趣——包袱草。感觉挺呆萌的。台湾的朋友叫它啵仔草，也很传神，因为把果实捏破时会有一声"啵"的轻微爆破声。

摘下一粒泡泡果，放在摊平的手掌上，然后，另一只手从高空迅速落下，一拍，"啪"，特别有爆破的快感。

在南方，倒地铃是常见的野生植物，可以入药。北方很少见，因为它虽然自播能力很强，但是无法抗过北方的严寒，所以，只有人工播种，才可能在花园里见到它的身影。

一粒一粒捏泡泡，是种倒地铃的乐趣。

芥花闲散

自由自在地朝自己喜欢的方向生长，这也是一种人生价值的实现途径。

"脍，春用葱，秋用芥。"

这是《礼记》中记载的古人食俗，芥在此时就已经是与葱相提并论的香辛调料了。而时至今日，这种古老的中国蔬菜，仍然活跃在我们的餐桌上，只是食用方式发生了变化。

春秋时候，人们用它的种子磨成酱食用，取其辛辣之味，这就是芥末酱的由来。至于后来山葵取代了芥子，成为生鱼

片的主流调料，那是另外一个故事了。而在大一点的超市，还是能很方便地买到以芥子为主要原材料的黄芥末。

慢慢地，芥菜在人工培育和选择中，演化出了非常丰富的品种，著名的涪陵榨菜，原材料就是根用芥菜；冬天常吃的雪菜，是叶用芥菜中名为"雪里蕻"的品种腌制而成的；韩国烤肉馆里用来包五花肉的，除了生菜，还有大叶芥；至于在西餐厅里尝到的蔬菜沙拉，多多少少都会放一些幼叶芥菜……

以生食为主的小型叶芥，是我的每季必种，饶是已经集中到一个这么小的范围，还是有无数品种可选，如紫叶的、黄叶的、绿叶的；圆叶的、齿叶的、裂叶的、深裂叶的……好在，无论哪种，种植方式都大同小异。整土，撒种，浇水，五六天以后，绿油油的芥菜苗

出满，四五十天后，就可以大肆收获了。

收不及的，还可以留着开出金黄的芥菜花，在萧瑟的秋天里，别是一番暖人的风景。

◇　单看一朵芥菜花，与油菜花非常相似。

◇　一片芥菜花，是秋天的"春景"。

坤草益母

互相成就是一件很美好的事情。

益母草是一个非常直白的
名字，一听就知道是女性专用，
在医书中它被文雅地称作坤草。

坤代表女性是一个比较常
见的用法，比如算命的称女性
生辰八字为坤造，老式人称女
包为坤包，女式手表为坤表。
现在很少有人这么说了，偶尔
提起来的时候，反而有种复古
的美感。

无论是作为中药植物，或
是单纯用作观赏，我觉得都可以种一回益母草。如果有个空盆或是
小片空地，撒一把种子下去就行，生长期也短，差不多 60 天，就能
看到粉红色的益母草花开放了。

益母草开花比大部分唇形科香草都美，粉紫色的花冠密布于花
梗之上，衬着几片艾状绿叶，随风摇晃，怡然自得。

"入夏长三四尺，其茎方，其叶如艾。节节生穗，充盛蔚密，
故名茺蔚。"益母草籽在中药里便被称为茺蔚子，也经常用于妇科
病症，兼可明目。此外，民间也有用它来煲汤做药膳的习俗，但是
用量不准容易中毒，勿要轻易尝试。

一味本土药草，一枝充满乡野风味的野花，种益母草所获得的
满足感，是淡而隽永的。

苦瓜映月

～～～～～

　　一雨成秋后，属于夏季的苦瓜虽然产量锐减，但植株仍然生机蓬勃，不断发出新的嫩梢，缠绕在篱笆上，像谢幕后舍不得离去的演员。

心似灯笼椒

宋代诗人黄庭坚与本权禅师论，黄引用寒山偈子："吾心似秋月，碧潭清皎洁。无物堪比伦，叫我如何说。"以秋月、碧潭之皎洁无瑕，来比喻佛性。而本权禅师则回以这一首："吾心似灯笼，点火内外红。有物堪比伦，来朝日出东。"

怎么理解呢？本权禅师说自己于空明中有所悟，像一盏点亮的灯笼，而这种小我的悟道，又与自然所隐含的大道（日出东方）是隐隐相通的。

我本来想猜测本权禅师在清谈之前可能刚吃过灯笼椒，后来一想，不对，辣椒可是大航海时代才传入中国的，而灯笼椒更是到了清代晚期才有记载："圆大有棱而下垂者，名灯笼椒……"

在所有的辣椒中，灯笼椒是辣度最低的。现代园艺学者更是培育出了完全不辣的甜椒，汁水丰富，口感脆嫩，完全可以当成水果来食用，就是价格也比普通水果要贵不少。

来来来，我们还是专心吃甜椒吧。

◇ 灯笼椒刚长成时候是绿色的，慢慢才会转成红或黄色。

◇ 和朝天椒比起来，灯笼椒植株的叶子更为阔大。

凤尾娟娟油麦菜

在中国本土化最成功的外来蔬菜是什么？

我觉得最有力的竞争者是圆白菜和油麦菜，它们分别属于甘蓝家族和生菜家族。然而，颇接地气的名字，令人们很少将它们与自己所属的家族联系起来，特别是油麦菜。

其实，油麦菜是生菜的一种，对，它和我们常吃的散叶生菜、圆生菜以及莴苣（也有的地方叫它青笋）拥有同一个野生品种的祖先——山莴苣。之后，在漫长的人类栽培历史中，才分化出今天种植遍及全球，有成百上千个品种的庞大蔬菜家族。

油麦菜蘸芝麻酱，这道中餐馆中常见的凉菜，不就是典型的沙拉做法吗？

大约在公元五世纪的时候，原产于地中海沿岸的油麦菜，经西域传入中国，并逐渐演化出茎用类型，也就是以食用根茎为主的莴苣。其实，自己种过油麦菜就知道，如果放任它自由生长，慢慢地它就会长成细长的莴苣模样，只要不嫌削皮费事，凑三五棵长成的油麦菜，就真的可以来一盘儿清炒莴苣。

不知道是不是心理作用，这样歪打正着获得的莴苣，吃起来似乎更清香。

茜草染石榴

"对于画家而言，茜红代表一种亮丽的粉红颜色，但如果染匠们将白色羊毛放入茜红的染缸里，再加点儿明矾使之更稠，出来的颜色极像红发美人的靓丽发色。"

这段话引自维多利亚·芬利所著《颜色的故事》。

茜红来自玫瑰茜草，是在欧洲有着悠久应用历史的染色植物。

而在华北的野外，经常能够见到的，是原产自中国的另一种茜草。无独有偶，在中国它也被开发出了染色用途，用于制造温柔而明亮的红色，"拾得红茜草，染就石榴裙"。

秋天是茜草结子的季节，从橙红到深红的果子，如小玛瑙般挂在枝头——别鲁莽地伸手去摘，茜草的叶子和茎上都带有细细的倒刺，稍不注意就会划伤皮肤。

所以，在诗人笔下美丽的茜草，在乡间，是大家唯恐避之不及的锯锯草。

紫袍花叶芥

如果在所有芥菜中只能选一种，我会坚定地选这种花叶芥，有人叫它鹿角菜，有人叫它紫衣芥菜、紫水晶芥菜。用植物学的方式描述是"一个叶缘深裂成多回重叠细羽丝状的叶芥变种"。

这种芥菜的好处在于它的习性特别强健、高产、不生虫、收割简单、颜值高、适宜生吃，如果你不反感芥菜那种淡淡的辛辣气息，那么，从 4 月到 11 月，它都可以出现在餐桌上。

最妙的是，它还能自播。春天种植的花叶芥，不要全部收获完毕，留一两株让它开花，就能结出大量的种荚，成熟以后，种子弹落一地。初秋时节下一场雨后，就能发现小苗此起彼伏地长出来了。

北方的秋天非常适合芥菜的生长，很快小苗就长大了，在秋天的阳光里，一丛丛深紫色的叶片有种闪耀感，看着就让人有种满足感。

圣经里有这样一句话："你看那野地里的百合花，它不种也不收，可是我告诉你，所罗门最繁华的时候，也不如它呢。"

我觉得把百合花换成花叶芥，也一样恰当。

畦荽度屐香

窥园并短墙，扫径自提筐。

霤雪垂巾重，畦荽度屐香。

细腰眠药杵，折足仆藜床。

懒主痴偏甚，从渠菜甲黄。

——【明】李德丰《雪后窥园》

芫荽俗称香菜，是非常耐寒的蔬菜，在下过小雪的菜园里，仍然能够找到它的身影。

一首小诗，描写了 600 年前的某个初冬，耕读人家的一刻，安闲，自足。

特别篇
异域来客

❧

在这个全球经济一体化的时代，物资的交换变得格外容易，从厄瓜多尔的玫瑰到智利的车厘子，万里之外的物产随时能够买到。

其实，即使在交通并不发达的古代，物种的交换也时刻都在发生，在我们的菜园里，外来蔬菜占了相当大的比例。

胡萝卜、胡豆、番椒、番茄、番薯、洋葱、洋姜、洋白菜……

每次看到这些以胡、番、洋打头的蔬菜，我都会心一笑：国际友人，你们好哇。

莳萝清芬

　　莳萝，别名洋茴香，听到这个"洋"字，就该对它的由来有个预判了。五代时的文献提到它"生波斯国"，传入中国的时间应该在唐宋之间——具体年代已不可考了。

　　莳萝和茴香长相乍看很像，不过，种过一次，我就能轻松分辨了。莳萝植株更为挺拔，叶色深绿，叶形狭长如针。而茴香看起来头大根小，叶色黄绿的，叶形更为尖细。

　　茴香主要用作饺子馅，莳萝则用作香料比较多，它的味道比较淡，带着一点清凉的感觉，同时也能闻到茴香典型的香辛气息，比较难以形容，但都是刺激食欲的那一类，非常适宜搭配海鲜。

　　莳萝喜凉怕热，耐热性还不如茴香，所以，在北方种植秋播比较适合，但这样会导致它没有充足的时间开花，算是一点小小的缺憾吧。

一叶知秋黑甘蓝

黑绿色的叶片，肌理独特，植株高大丰硕，呈伞形散开。打开任意一个欧洲的厨房花园，都能瞬间被这家伙吸引，实在是太瞩目了。

随着在国内种植的普及，它也终于有了一个比较常见的中文译名——恐龙羽衣甘蓝，因为叶片的浮雕纹理和恐龙皮肤非常相似。几年前我开始种植它的时候，只能随便选个好理解的名字来用——托斯卡纳羽衣甘蓝，或者偷懒就叫它黑甘蓝。

这种羽衣甘蓝的原生地在意大利中南部的温暖气候区，在 18 世纪开始有记载，最早青睐它的人不是农民，而是画家，因为它具有独特的美感。

祥瑞胡萝卜

胡萝卜传入中国的过程堪称"二进宫"。

张骞出使西域带回了诸多异域物产，胡豆、胡瓜、胡桃等，胡萝卜也在此列，但这个时候的胡萝卜品种较为原始，根茎又细又不好吃，所以，并没有被发扬光大。

到了宋元之交，胡萝卜再次登场，特别是元代蒙古人的饮食习惯给了胡萝卜足够的表现机会，在元代最重要的农书《农桑辑要》中，胡萝卜正式作为蔬菜"出镜"，从此一帆风顺，成为中国人餐桌上常客。

胡萝卜以直、壮、肥为优，然而，小菜园里种胡萝卜，经常收获各种让人哭笑不得的家伙，长出两条腿的、扭成S形的、互相拥抱的……见惯各种造型胡萝卜的我，也实在想不到，它还能长成钢铁侠的模样！

东北采参，发现人要大喊一声"棒槌"，再用红绳拴住人参才能开挖，我现在就给这个勤勉修行的胡萝卜补上红绳，然后，大喝一声："棒槌！"

甘蓝有心

绿甘蓝，或者叫卷心菜，也可以叫圆白菜，起源于地中海。在中国的种植历史并不悠久，最早的记录是清代中期，但如今已经是相当普及的国民蔬菜。我觉得这跟它产量高、耐储存和适应中餐烹饪方式这几个特点分不开，所以，有了那些常见的炝炒圆白菜、素炒饼、圆白菜炒粉条等家常菜。

牛心甘蓝虽然长得洋气点，但本质上和圆白菜没什么不同，只是形状有所差异，也不是什么转基因品种。事实上，原生品种本就有圆球形和尖球形的区别。泛指的圆球形还可以分为扁球形和特指的圆球形两类。不知道你们有没有发现，小时候我们常吃的是扁球形，而现在常吃的，已经是圆球形的了。

尖球形也分几个类型，其中，牛心型最为常见。由于上尖下圆，它的单球重量是明显低于圆球形甘蓝的。相应地，生长期也会缩短不少。此外，它的耐寒性更好，非常适合秋播种植。

从地里砍下一棵牛心甘蓝的时候，别忘了真诚地向土地"比心"！

会弁如星琉璃苣

很多人知道琉璃苣，都是因为一部叫《命中注定我爱你》的热播偶像剧，这部戏还有一个名字叫《爱上琉璃苣女孩》，男主角送给女主角的定情物就是琉璃苣，代表着勇气和自信。

琉璃苣在欧洲的花园里，既是食用植物，也是观赏植物，还是药用植物。它的嫩茎叶可以吃，种子可以榨取油脂，茎叶也可以用来提炼精油。此外，它还是一种很棒的蜜源植物，堪称是万能的。

国内批量种植琉璃苣不过二三十年，20世纪90年代才开始引种，开始的时候也只是作为观赏之用，现在已经是一种颇受欢迎的特种油料作物了。

琉璃苣生长期短又耐寒，所以，初秋的时候可以多播种一些，像蓝色星星一样开放的琉璃苣花朵，是深秋令人留恋的风物。

Part 5
冬藏"春光"

现代人对于秋收、冬藏，有自己的解读方式。

"冬至一阳生"，古人的感性描述，借助现代生活的便利条件，有了具体的呈现。

◇

比起主要靠根茎类作物和少数耐储存的蔬菜过冬的古人，我们的冬季餐桌堪称丰盛。即使在冬天，仍能品尝到*丝丝春意*。

Chapter 8 | **初冬见晴**

◆ 小雪未降的初冬，仍有秋叶静美，蔬菜丰盛，只是
　收获的时候，总有"夕阳无限好"的紧迫感。

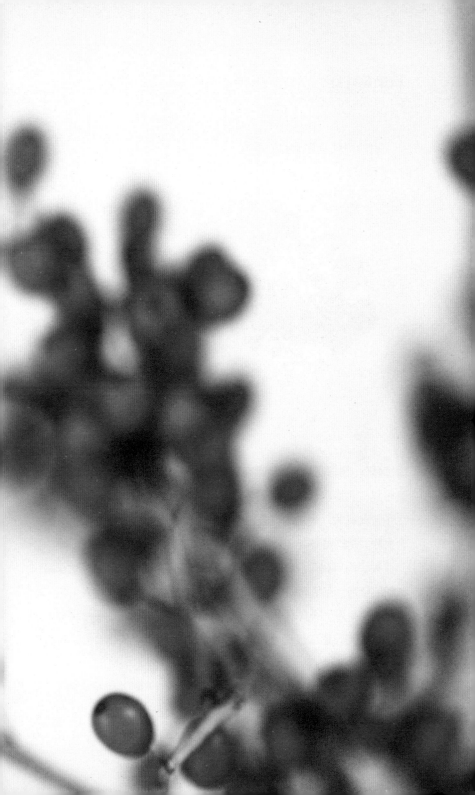

秋染莓叶红

有所倚仗是件幸福的事情。

霜降过后，早晚出门已经冻得哆哆嗦嗦。但到了午间，太阳一照，又变得温暖起来，在这样的温差里，树叶红的红，黄的黄，绿的绿。虽然是一片小小的角落，也有了斑斓丰富的美。

采了树莓的叶子观赏。这耐寒的小果树，叶子染上了锈红的边，颇有秋叶静美之意。除了贡献果香浓郁口感酸甜的小红莓外，树莓也是装饰性非常强的花园植物。带有轻微褶皱的叶片，是可以与花店出售的叶材相媲美的素材，而且长势非常旺盛。但缺点也与此有关，蔓生的枝条四处伸展，稍一放纵就铺成毫无仪态的一大片，所以需要有支架供其攀爬。此外，还要定期修剪整形。

种了两年树莓，颇有渐入佳境的感觉。了解到它是种喜欢寒凉气候的植物，在华北种植，越冬不愁，愁的是如何度夏。相对来说，以秋季挂果为主的双季树莓，表现要远远好于夏季结果的单季树莓。

深秋，收罢了最后一把莓果，再自制些树莓叶花草茶，一年的种植，也就圆满了。

乡土风流在高粱

种高粱的人，和高粱一样有着沉默的高贵品性。

高粱在小农经济时代，是综合价值很高的作物。明代农书中提到它的种种优点："其子作米可食，余及牛马，又可济荒，其余可作洗帚，秸秆可以织箔、夹篱、供爨，无可弃者，亦济世之良谷，农家不可阙也。"

集各种用途于一身的高粱，在种植上，耐贫瘠、耐旱抗涝、习性强健的它，同样值得称道。

然而，在现代的规模化农业中，论产量或经济价值，高粱并不是首选农作物，特别是各种耕作条件较为便利的平原地区，高粱的优势就更无从发挥，所以，现在很少见到成片种植的高粱了。但总能在乡间，看见田间地头偶尔种植的一排高粱。

也许是这家的菜地需要篱笆遮挡；也许是女主人需要一些秸秆来编织家居小物；也许，只是想怀旧地种一排高粱。

何谓风流？

天真率性，趣味超然，可称风流。

从路边野生的高粱身上，感受到了纯朴刚健的美，那是一种只有中国人能够意会的乡土风流。

山鸟衔红果

过分追求面面俱到的后果，可能是被束之高阁。

种山楂到底是为了看还是为了吃，这个问题我一直没搞明白。

理论上，山楂是被归类到果树而非观赏植物的，但是，它实在是颜值太高的一种小果树，叶、花、果无一不美。特别是到了深秋，处处萧瑟，抬眼看，叶子都落光了，但仍有一树红果精神地挂在枝头，是入诗入画的题材。

和它类似的另一种华北常见果树是柿子，柿子叶落得早，枯枝上缀着火红鲜亮的柿子，高高地探出院墙，是另一幅画。

可是柿子甜而糯，好吃。山楂的口感就实在让人挠头，说起来也能吃，但小巧的个头和酸大过甜的口感，实在让人难以消受。真要吃，一定要加大量的糖作搭配。

糖葫芦、山楂糕、果丹皮、熬山楂酱，不一而足。老北京有一味特色小吃——榅桲儿，算是糖水山楂的升级版。煮熟放凉切片儿当凉菜，颇为提神。

然而所有这些，都有一个必须要面对的关卡——需要放大量的糖才能凑出个酸甜口。

与其这样，不如将一小篮山楂，摆在窗台上，是怪好看的风景。

千筋京水菜

被放大或被歪曲，都不是令人愉悦的事情。

京水菜这个名字，是类似于京果子、京料理这样的组成。江户时代，日本人出于对京都的景仰，将这里的特色风物冠以"京"字尊称。其实，它在当地最早被称为"水菜"，因为从畦间引清水灌溉，所以以此名之。

之后历经培育，获得了茎白如玉、分枝众多的品种，被称为白茎千筋京水菜。筋不是中文语境中的韧带之意，在日语中，它经常作为量词使用。但凡细长而柔软的物体，就可以用筋来计数，比如，头发、道路、河流。

之所以对这个字眼耿耿于怀，是因为在中国人听起来，千筋总有点丝丝缕缕的塞牙感。实则，京水菜稍微涮烫后就有种溶化感，吃起来十分柔嫩。

由于颜值出众，加上营养价值颇高，京水菜在近年也被作为特色蔬菜引进国内种植。由于它茎叶白绿，株形优美，也被称为水晶菜。它喜凉怕热，种植难度低，很适合每年早春和深秋各来一拨儿。

在秋季耐寒的绿叶蔬菜里，京水菜的颜值还是数得着的。

胡客持来迷迭香

找不准自己的定位，就可能被排挤，甚至被淘汰。

提起迷迭香，很多人对它的第一印象都是近年引进的地中海香草，主要用于西餐烹饪。哎，其实不然。

迷迭香传入中国的时间，比香菜只晚一点，都是香草，都源于地中海沿岸。可是，一个已经完全融入中国人的生活；另一个，则到现在还是水土不服。

魏晋时期文赋盛行，大家对新兴事物感兴趣的方式就是为它写一篇赋。我猜迷迭香在那个时候肯定是"网红"植物，因为有关它的赋还真是不少。曹丕和曹植两兄弟为它写了同名"小作文"《迷迭香赋》，应玚、陈琳等也都写过《迷迭赋》。今天读来，感觉还有点恍惚呢。"承灵露以润根兮，嘉日月而敷荣"；"芳暮秋之幽兰兮，丽昆仑之芝英"。

可能确实是不适合中国人的口味，迷迭香在魏晋之后就鲜有记录。直到《本草纲目》成书的明代，虽然书中收录了迷迭香，但描述文字还停留在当年："魏文帝时，自西域移植庭中，同曹植等各有赋。大意其草修干柔茎，细枝弱根。繁花结实，严霜弗凋。收采幽杀，摘去枝叶。入袋佩之，芳香甚烈。与今之排香同气。"

现代迷迭香的种植研究，有明确记载，始于 1981 年，由中国科学院植物研究所引入并栽培成功，然后推广开来。

我猜，也许是因为迷迭香的香气过于强烈了，作为一种香草来看待，很难见容于讲究含蓄的汉文化。其实就是今天，根据我的实际测试，十个朋友来，有八个也无法接受迷迭香的强劲气息。它的药香，与艾味有点类似，闻起来并不开胃。

所以，只有在烧烤的时候，迷迭香才大受欢迎。一方面，它具有良好的抗氧化效用，可以化解烧烤食物的危害；另一方面，它的香气和肉香一合并就升华了。

一日一蔬，生活美学

◇ **迷迭香海盐**

迷迭香晒干后仍然能保持香气，最适合用来做香草盐。

将干燥的迷迭香叶片摘下来，与颗粒海盐混合均匀，装入研磨瓶就可以了。

这样的盐，既减淡了咸味，有助于控制用盐量；又增加了风味，特别适合在烹饪肉类的时候使用。

秋风草穗黄

虽说时穷节乃现，但如果能一直不面对考验，也是件很幸福的事呀。

如果各种野菜要选代言人，灰灰菜可以选至圣先师孔老夫子。

"子穷于陈蔡之间，七日不火食，藜羹不糁，颜色甚惫，而弦歌于室。"这段著名的故事各家都有记载，文字略有出入，但重点都一样：七天没吃到什么像样的粮食，灰灰菜汤里连个米粒都见不着。

藜便是灰灰菜的古称，这种藜属野菜在全国各地多有分布，幼苗可做野菜，食用历史非常悠久。但藜这个字比较书面，由于其叶背面带有灰色或红色的粉末，所以也被称为灰藋，在民间叫着叫着就成了灰灰。为了表明它能吃的属性，再加一个菜字。

除了孔夫子，唐僧师徒四人也跟灰灰菜扯上过关系。

《西游记》第八十六回，悟空打败妖精救出师父的同时，顺带救出了一个樵夫，樵夫老母做了一桌野菜宴感谢他们。

"嫩焯黄花菜，酸虀白鼓丁……灰条熟烂能中吃；剪刀股，牛塘利，倒灌窝螺扫帚荠。碎米荠，莴菜荠，几品青香又滑腻。"后面还有一大串，就不抄了，反正就是江淮间常见的各种野菜。

其中，"灰条熟烂能中吃"里的灰条，就是灰灰菜，熟烂指的是它的食用方法，即采嫩梢滚水煮熟。

由此可知，唐僧师徒闯这一关的时候是春夏之交——秋天灰灰菜就开始结籽了，没有嫩梢可采。

◇　野草的结籽能力是惊人的。

◇　春夏时节，到处可见灰灰菜。

梦幻泡影—甘蓝

皱叶甘蓝，我觉得也可以称它为"密集恐惧症患者不友好型甘蓝"，它的叶片表面密布圆形褶皱，像一个个泡泡，所以它也被称为泡泡甘蓝。

泡泡从何而来？在甘蓝的快速生长期，叶面薄壁细胞的生长速度远远快于叶脉。叶脉类似于框架，而叶片相当于框架里要填充的面料，当面料有余而框架不足时，就会导致叶片堆积，形成密集的褶皱。

佛手清香

一种脱离了低级趣味的植物。

大部分水果都是圆滚滚的，像佛手这样的"异形"是相当罕见的，因此见过佛手的人，基本都会对它有深刻印象。

佛手得名就在于它的形状，果瓣细长弯曲，一根根类似手指状，少则七八指，多了三四十也是有的。再加上它清香袭人，适宜在宗教仪式上使用，所以，获得了佛手这个美好的称谓。

佛手究竟是遭遇了什么，才突变成现在的长相？

作为香橼的一个变种，佛手果因为雌蕊胚珠退化，种子无法正常发育而导致，内源激素缺乏，与此同时，其自身在生长素的作用下，以单性结实的方式继续结果。由于缺乏内源激素，果实无所适从，胡乱地长着，就长成了现在的模样。

佛手可以用来吃，但主要是用作案头清供的果子。

摘下果子，找个盘子装起来，放在案头，可以闻一个月的清香。之后它会慢慢枯干，倒是不腐烂，但也没有香气了。盛产佛手的潮汕地区，有腌制佛手果的传统，成品称为"老香黄"。其色黑，质如膏。泡茶的时候切一片放进去，据说可以理气和胃，是当地著名的特色凉果。

摆过佛手，就该种一盆水仙迎新年了。

绿嘴红鹦哥

～～～～

虽然洋葱头很耐储存，但总有个把性急的，直接发芽。别扔，也别吃了——一旦长叶，紧实的葱头就会中空松懈，营养成分也会有变化。

那怎么办呢？找个好看的小碗把它装起来，让它绿绿地长成一道风景，是谓绿嘴红鹦哥。

素淡丰容雪里蕻

靠实力说话，声音会比较大。

雪菜，全名雪里蕻，但很多时候都被写成雪里红。

一株绿油油的大菜，和红字半点关系也扯不上。相反，雪里蕻则是对它特色的准确描述。

蕻有两个意思，一个是茂盛，另一个是草木抽嫩枝。比如宋代有个和尚，在一首咏野棠花的诗里说："半压坏墙荒馆外，乱生春蕻野池头。"

雪里蕻之蕻字，取的是茂盛之意。"雪深，诸菜冻损，此菜独青。"在明代王磐的《野菜谱》中如是记载。

从华北到江南，南至福建一线，雪里蕻都是冬季的大宗蔬菜。在北方，它的收获期就是立冬前后，在南方会更迟些。

说来有趣，无论南北，雪里蕻的主要用途都是制作腌菜。为什么呢？因为它不适合鲜食——生着吃又硬又苦又辣，炒着吃苦，煮着吃……我没试过，觉得人生不必那么挑战底线。

但是，一旦经过发酵这道神奇的工序，雪里蕻的风味就化腐朽为神奇了，辣味消失，茎叶软嫩，且独具一种让人胃口大开的芳香气息。

下雪的日子，煮一碗热腾腾的雪菜肉丝面，足以慰身心。

雪里藏金黄心乌

不是所有的蔬菜，都需要与时俱进，人也是一样。

黄心乌是乌塌菜的著名变种之一，它株形矮壮，叶片肥厚。当气温降至 10°C 以下时，内芯部分的叶片开始转为金黄色，并且有明显的皱凸。黄心乌抗寒性极强，如一朵外绿里黄的菊花，牢牢地贴在地面上。

黄心乌在淮河流域一带种植时，能够在冬季持续生存。在初冬的薄雪掩映中，这些健壮的蔬菜，金黄耀眼，所以又有雪里藏金的美称。

黄心乌在长江流域有大约千年的种植历史，是民间培育自然杂交而成的品种。而且不同的地方，性状特征还会有微妙的区别。单是在安徽，六安、凤阳、肥东等地都各有自己的地方特色品种。

这些古老的乡土品种，是对传统的遵循，是对自然的尊重，也是以小农的身份尝试永续耕作不可缺少的一环。

特别篇
农家传承

在有机种植爱好者群体中很受欢迎的 Heirloom seed，翻译成中文很有趣，也很传神——传家宝种子。指的是那些未经人工杂交，一直以自然方式进行繁殖所保留下的植物品种。

在中国的每一处乡间，都有这样的"传家宝"，千百年来在我们的土地上生长。

农家传承，自有其珍贵之处。

菘（sōng）韭记春秋

"文惠太子问颙菜食何味最胜，颙曰：'春初早韭，秋末晚菘。'"

南齐太子萧长懋请教名士周颙，哪种菜最好吃？周颙回了个千古名句。从此，早韭与晚菘并称，成为时令风味的代名词。

农家种的韭菜，在秋天开过花之后，可以采收到种子——并不是年年都需要采。韭菜是多年生的宿根蔬菜，盛产期可以维系 5～8 年。隔上几年，收一回种子就足够延续之用了。

说回到春韭秋菘的典故。这位文惠太子何许人也？他在历史书上并不是个知名角色，但前两年有部叫《鹤唳华亭》的电视剧，主角萧定权的原型，便有一部分参考的是这位早逝的太子。

可惜电视剧里没有把这句问答拍进去。

葵果二乔

金花葵除了花朵可做食材外，还可以作为纸药使用。

诸如梧桐梗、榆木刨花、金花葵根这类植物材料，捣碎后浸泡于水中，就能得到黏稠的汁液。将这些液体加进纸槽中，可以使纤维均匀悬浮，造出的纸张平滑而易于揭开。所以，它们被称为纸药。

其中，金花葵不仅在中国使用，在日本也广泛应用。日本民艺之父柳宗悦曾记载过它在造纸中的神奇效用。

金花葵开花的方式类似蜀葵——这可能便是它得名的来由。一根花葶从中心部位挺出来，陆续开花，花落后结出羊角似的种荚。

初冬时，摘下枝头已然干枯的种荚，留待来年播种之用。

野菊他乡酒

从秋到冬的寒凉，是断崖式的，"一场秋雨一场凉"，凉着凉着，就到了冬天。

然而，在这样的天气中，野菊仍然顽强地开着。

菊是中国原生的植物。庭院里种植的是人工培育的独本菊；而在乡间道边，黄色的多头小野菊随处可见。其中，一个在江南地区作为野菜普遍食用的野菊变种，是我的最爱。

这种野菊有一个约定俗成的称呼，叫菊花脑，种名是Chrysanthemum indicum 'nankingense'。有没有注意到最后这个变种加词的拼写？没错，nanking=南京。因为有据可查这种野菊作为蔬菜食用及规模栽培，是从南京开始的。

虽然它是江南地区的特色蔬菜，但作为植物，是南北皆宜的。它习性强健，耐寒耐旱，只要阳光充足，在哪儿都能长得不错。春天栽一枝，秋天就能长成一大丛。

水红蓼

红蓼是东亚常见的野草，尽管它的风姿和常见野草有明显区别，或者叫它野花更贴切。水红蓼盛夏始开，初秋进入盛季，会一直开到秋末，虽然每朵花都很小，但它擅长发挥数量优势，数百朵花组成花穗，上百花穗组成一株红蓼，高及 2 米的一大丛，在水岸边、空地上，忽然就映入眼帘。

红蓼是正式的名字，它还有个小名叫水红花子。

我一直觉得水红这个词美得很接地气，带着一股亲昵的小女儿态。比如，水红萝卜，水红衫子，以及水红花子。

"犹念悲秋更分赐，夹溪红蓼映风蒲。"这样一抹红，是萧瑟秋景里难得的亮色，所以历来是入诗入画的风物。

永锡多子紫苏荚

按理说，永锡算是个生僻词，但大部分人都能知道啥意思。

因为我们上学的时候，都学过一篇叫《难老泉》的散文，难老泉的名字就来源于永锡难老。

锡者，赐也。永锡是一个比较固定的搭配，比如，永锡而类，永锡难老。

永锡难老出自《诗经·泮水》，是鲁僖公泮水庆功时的祝歌，"思乐泮水，薄采其茆。鲁侯戾止，在泮饮酒。既饮旨酒，永锡难老。"

永锡多子则是后来延伸出来的吉庆语句，意思是永远给你多多的子孙。看到紫苏密密麻麻的种荚，觉得这句话用在它身上相当适宜。

繁星如珠小蒴菜

薪菜开黄花，植株大而壮，成片开放的时候是非常美的，我觉得它再培育一下，完全可以当野生地被植物来使用。

而到了结果的时候，又会收获一份惊喜。薪菜除长果之外，另有球果品种，圆形的果实像小粒珍珠，满满地缀在枝头，虽是野草，也有一份格外规整的美。

是为繁星如珠。

再次想起那句话，杂草，就是长错了地方的植物。

◆ 天寒地冻，一片萧瑟，北方漫长的冬天对热爱原野的
人来说，这真是难熬的时光。

不如努力在室内，培育一点装扮隆冬的春意吧。

空巢萝藦

秋去冬来，萝藦也进入了人生的新阶段——空巢期。

古代老中医说："去家千里，不食萝藦、枸杞。"有人解释说萝藦音如老母，杞音同妻，不吃这两种是为了避免游子想家。

且不论这说法是否正确，但冬天挂在枝头的萝藦壳，确实像人类世界里等待孩子回家的老母亲。

黄芽玄妙菊苣菜

环境改变人性。

道家典籍里经常有"黄芽玄妙"之说。我对此非常好奇，什么样的黄芽？是白菜芽还是芥菜芽或者是其他的鲜嫩蔬菜？

其实，这黄芽可没法吃。

汉朝的炼丹术士们，最早发现把丹砂（硫化汞）放在锅里炒，就能得到一种似雪如银的流动液体（汞）的时候，应该是非常兴奋的，这多玄妙！

如果锅里再加入铅，那就更妙了。按现代科学的解释，此时，铅和汞形成了合金，再继续加热，就会获得氧化铅和氧化汞两种产物。术士们不晓得氧气在此过程中起到的作用，他们一厢情愿地认为，这就是铅和汞的精华。前者是黄色的，所以被称为黄芽；后者是白色的，且称之为白雪。

当然，这些概念后来又被赋予了更多形而上的意义。金丹这个概念，也从早期质朴的"金属炼成的丹药"，变成了道家内心修行的阶段性目标，比如"虚无生白雪，寂静发黄芽"这样的描述。

但是，如果我们菜农和你聊起黄芽，那就是另一个概念。绿叶蔬菜的内芯部分，由于嫩叶刚刚生长出来，还没有接受充足的光照，所以呈现的是黄绿色，吃起来非常鲜嫩，比如大白菜、黄心乌、菊苣，都是如此。

苤蓝大头儿

被舍弃的，未必是无用的。

北京人读苤蓝二字如"piě le"，第二个字是轻音，经常令不识这种食材的人丈二和尚摸不着头脑。撇了？这是什么名字？不过，只要看见写出来的名字就能明白了。

苤蓝，甘蓝家族的一员，和圆白菜、羽衣甘蓝、芥蓝、西蓝花都是兄弟，但它比较特殊，以膨大的茎部为主要食用部位。

由于耐寒耐旱，适应短日照，苤蓝长久以来在西北地区广泛种植，还有很多别名，如擘蓝、茄蓝、苤蓝、劈蓝。在光绪年间的一份记载中已经提到，京师地区称其为撇蓝。那为什么写作苤蓝呢？因为这比较像一个文雅的蔬菜名字。《康熙字典》对"苤"的解释是草木茂盛。

苤蓝好不好吃？这是个见仁见智的问题。它可以凉拌，也可以切丝炒肉，但爱吃的人少。

我每年种几个，一是觉得它比较耐寒，冬天好歹也有收获。二是因为觉得它长得可爱。而且，它腌着吃还是可取的。

北京有个著名的酱菜铺子叫六必居。六必居有一味很有名的小咸菜叫麻仁金丝，如果加辣了就叫麻辣金丝，这两味小菜就是用苤蓝制作的。所谓金丝，是指将它腌透之后切成长条，成品质地半透明，颜色酱黄而近于金色。

麻仁金丝下白粥是极好的。

山家清供乌塌菜

不经历风雨，怎么见彩虹。

乌塌菜形如菊花，色泽深绿。因为它非常耐寒，是江南一带初冬的主要菜蔬之一，直到小雪时节还有收获。

在北方，它支持不了那么久，−5℃就是它的极限了——这已经很了不起了，毕竟，水在0℃就开始结冰了。

蔬菜如何抵抗低温？这是一个很复杂的机制。大致说来，当遭遇低温后，这些蔬菜会产生一系列应激反应，比如，细胞液里的糖蛋白含量增加，浓度更高的溶液能够阻止自身结冰；氨基酸含量也会增加，保护细胞膜以及酶的功能活性。

这样所带来的附加福利是，这些蔬菜吃起来"更甜了""味道更足了"。

所以，秋季种植的乌塌菜、黄心乌、香菜、菠菜，我会一直坚持到它们能忍受的极限低温时再收获，为的就是吃一口自然成就的美味。

冬藏五谷珍珠粟

抛开数量谈质量，没有任何意义。

珍珠粟，禾本科狼尾草属，本属植物大部分都可以作为牧草使用，也是观赏草家族的大户。

而这个园艺品种珍珠粟的观赏价值则在于高度带来的气派感，以及少见的紫黑色所营造的神秘美感，这是花园里相当"吸睛"的存在。

初发的植株绿叶中带有紫筋，等长到一米多高后，叶片会陆续转为紫黑，此时，它就进入了抽穗期。

这个"穗"，比较准确的描述是"柱状圆锥形花序"。盛花时，密密麻麻的雄蕊花粉囊非常显眼，把黑色的花穗遮成了黄色。

渐渐地，紫黑色的谷粒在颖毛间开始发育，大多数谷粒成熟的时候，就可以收获了。由于并不是作为粮食作物来培育的，所以它的谷穗成熟时间早晚不一，需要持续地收获。

最后的问题是，这东西能吃吗？

答案是能。珍珠粟目前主要作为牧草应用，谷粒蛋白质含量高、氨基酸组成合理，所以可以当成玉米的替代品——可是它的产量比起玉米来实在是差得有点远，所以没有作为粮食作物种植的价值。

苦子果，别样红

即使有时候"颜值可以当饭吃"，也不要单靠外表来判断一个人。

苦子果的外形，让人怀疑南瓜和番茄是否建立了什么关系。

其实并没有，苦子科是纯正的茄科植物，学名非洲红茄（Solanum aethiopicum），在云南一带多有分布，当地菜市场经常能见到。还有大苦子和小苦子之分。大苦子是红茄，小苦子绿色多籽。具体品种我没有见过实物，不好妄下判断。

苦子果的功效和所有苦味食材一样，清热解毒，在云南当地普遍食用，并且做法还挺多样的，凉拌、炒肉、烧汤……还有类似于烧辣椒一样的食用法。在印度东北部、东非地区也是常见食材。

苦子果的品种比较原始，所以繁殖起来也简单。从云南菜市场带几个果子回来，晒干，掏出里面的扁平种子，开春就可以播种。种植方式一如普通茄子。

我今年收获的，就已经是苦子果"二代目"了。

紫藤结瘦鹤

不要凭借已有的经验去判断所有的事情。

春天开了满架的紫藤花，在夏天结了满架的种荚。冬天到了，干燥的种荚被大风吹落到地上，随便拣拣就有一把。让人感慨，大凡是野生野长的植物，繁殖力都是那么强大。

紫藤花的种荚里面是大如指头的饱满种子，特别要提醒的是，虽然紫藤花入馔早有传统，但紫藤种子却万万吃不得。

此外，紫藤茎虽然有药用价值，但直接食用也会导致呕吐腹痛。不能吃，拿来把玩一下还是很有趣味的。它长而硬实的种荚，是很好的自然科普教具和手工素材。

紫藤种荚有个非常有趣的特质，当它们被用力掰开后，由于已经充分干燥，两瓣荚皮会迅速打卷，形成一个螺旋体的形状，拎起来就是一串不错的挂饰，像小鹤一样，翩翩舞于窗前。

紫藤种子可以用来播种，发芽率也很高。但令人头疼的是，这样的实生苗要生长三四年才可能开花。所以，紫藤花繁殖以扦插或者压条为多，懒人则可以在开春的时候，在老紫藤植株的周围，寻找它根部滋生出来的小苗，挖走移植，长势也很喜人。

紫藤花、凌霄花、金银花，北方藤本开花植物的三大巨头，你最喜欢哪个？

楸子耐寒

青出于蓝而胜于蓝。

楸子是个直白的名字，大概可以理解成秋天树上结的果子。它是蔷薇科苹果属植物，学名 Malus prunifolia，开白色花朵结卵型小果子。果实直径 2 厘米左右。

不过，在日常生活中，可以把果实小如指头的杂交海棠统称为楸子，这算是一个约定俗成的叫法。

在城市绿化带中，最常见的楸子果实来源于北美海棠（一系列苹果属杂交园艺品种的统称）。春天可赏花，秋天能赏果，耐寒耐旱，是这一类品种的共同优点。

北美海棠的母本中，有一个大名鼎鼎的品种叫湖北海棠。它不仅花果均美，树叶还可以用来泡茶，在湖北一带颇负盛名，称为三皮罐。大约是形容叶大耐泡，三片（或一片）就足够泡一罐子茶。植物猎人威尔逊在他的中国游记里提到过："我们中途在老母峡停下休息……遇到了几个背着大包湖北海棠树叶的人，这些树叶通常用作茶叶的替代品，被大量销往沙市。"

而现代实验室里的研究也证明，湖北海棠树叶含有丰富的黄酮类成分，那么，以它为亲本培育的观赏品种海棠叶，揪下来是不是也能泡茶？

◇ 小而可爱的楸子果实，吃起来非常酸涩。　◇ 耐寒的它，是冬天特别好的花材。

五福临门两角菱

扫码立领
★ 园艺指南
★ 花艺美图
★ 本书配乐
★ 生活艺术
★ 交流社群

菱，江南水八仙之一，菱科菱属，原生于中国的长江流域，有着悠久的种植历史。古人称之为薐，薐通菱。其中，个头较大、色泽乌黑的两角菱，被称为"老菱"，它的长相颇似蝙蝠。

蝙蝠因名字与"福"谐音，很受中国传统文化青睐，所以虽不是一种可爱的动物，也经常被安排出镜，特别是五只同列，号称"五福盈门"。

拴只乌菱挂起来，是不是也可以福气盈门？

一品蜡梅芳

君子之交可以淡如水，也可以甘若醴。只要互相懂得，不必苛求形式。

古代文人喜欢为各种花配上花神。那你猜，谁是蜡梅花神呢？一对中国文学史上有名的"CP"——苏黄，即苏东坡和黄庭坚。

首先要归功于黄庭坚。在宋代以前，蜡梅被认为是梅花的一种，虽然它不论是树形、花形或者是香味，和梅花并没有什么相似之处，但因为花期相近，又都是先花后叶，所以被以"梅"命名。

至于蜡字，则来源于它的花瓣材质，黄而薄，且有一种特别的晶莹感，像是蜜蜡捏成的，故得此名。不过，蜡字最早的意思是指蝇蛆……所以才会是个虫字旁。

黄庭坚在对香气浓烈的蜡梅仔细观察后，写出了《戏咏蜡梅二首》："金蓓锁春寒，恼人香未展。"在同时代诗人王直方的诗话里，描述了这两首诗的影响："蜡梅，山谷初见之，戏作二绝，缘此，盛于京师。"

然后，苏东坡将此发扬光大，他不仅多次以蜡梅为题赋诗，还亲自培育了蜡梅品种，就以"老苏"为名。所以，《十二月花神议》中说："蜡梅本名黄梅，其改今名，由苏黄始也。"

如果没有苏黄这样的朋友，至少，可以在冬天的时候拥有一枝蜡梅。

特别篇
水培春光

植物工厂——现代科技的产物，即绕过自然条件的限制来培育植物，从阳光到土壤，统统可以人工解决。

这是对自然的背叛吗？其实只是对自然条件更为曲折的利用罢了。

至少，在隆冬季节，我也可以拥有一段超自然的"春光"。

水仙是雅蒜

歇后语有言：水仙不开花——装蒜。

蒜和水仙外形酷似，但水仙的外形高雅，花亦美丽，因此古代文人们又给它加上了一个"雅"字，称之为"雅蒜"。

雅蒜之名，始见于六朝时文献，但当时指的是不是水仙这种植物呢？不好说。因为据植物学家们考证，不要说六朝时，哪怕是唐代，水仙也还没有传入中国呢。

这种原产于地中海沿岸的植物，在晚唐五代时被贸易商人带入中国，由于它的美非常符合当时士大夫的品位，故深受欢迎，从此在中国繁衍生息。

蒜亦君子

将大蒜整头扔到清水钵里，既好养，又好看，就是费蒜。但这几年蒜价都很便宜，多养几头也没什么压力。

养大蒜和养水仙方法是一样的，用钵、固定根系的小石子，以清水供养。

两种植物在冬天的窗台上都长得郁郁葱葱。离远了看不出区别。将来，它俩有一个会贡献清雅芬芳的花朵，另一个会贡献辛香开胃的调料。子曰："君子和而不同，小人同而不和。"

水仙和蒜，都有君子的品格。

金孚玉粒，草莓玉米

我们日常食用的玉米，以黄白穗为主，颗粒整齐，中规中矩，很符合主食作物的身份。

然而，玉米还有很多原始品种，色彩斑斓形状各异，乍看让人不敢下嘴。比如，被俗称为草莓玉米的一个小型品种，早在 16 世纪时的一本植物著作 *The Herball of Generall Historie of Plantes* 中就提到过它，当时的美洲土著，用这种玉米来做饰品。

偶然得来的一穗作为种子，我年年种上几棵当观赏之用，冬天还可以用来培养玉米幼苗。

晶莹如玛瑙的谷粒中，发出翠绿的新芽，也是案头一景。

新绿豌豆苗

寒风凛冽，一片荒芜，全靠着各种瓶瓶罐罐里的芽苗菜，提供养眼的绿色。

芽苗菜指的是种子萌发后，短时间内成长为芽状或幼苗状后即可采收食用的一类特殊蔬菜。和普通形态的蔬菜比起来，它的优点是生长期短、特定营养成分丰富、鲜嫩可口，而且，即使在室内光照不足的条件下，也可以轻松培植。

豌豆就是最易种植的芽苗菜种类。将大而圆的豆粒投入水中，几天就能萌发。这时候的芽苗菜俗称为"豆嘴儿"，蛋白质的含量十分丰富。大约 10 天，幼苗能长到 5 厘米高。随后，叶片展开，光合作用加强，半个月左右就可以收获一把鲜嫩的豆苗。

豆苗是冬天的恩物。

水萝卜，好彩头

萝卜，特别是红萝卜，在我国东南沿海一带是新年不可或缺的吉祥食材。闽南将萝卜称为菜头，菜头又谐音彩头。北方的冬天，以大白萝卜和青萝卜为主，这两个颜色都不算喜庆，所以没有南方这样的讲究。

白菜＝摆财，亦有说百财的，这是取名字的谐音。其实按这个逻辑，所有菜都可以被说成是财。生菜＝生财，包菜＝包财，酸菜＝算财，韭菜＝久财，发菜＝发财……按照这个逻辑，只要能出现在餐桌上的，都能被赋予一定的吉祥内涵。

其他的食材也不会被落下：小葱＝聪明，芹菜＝勤快，赤豆＝出头……这些都是比较普遍的说法。此外，很多常见的水果零食也肩负着美好的祈愿：苹果＝平安，橘子＝吉庆，柿饼＝事事如意，花生＝长生，佛手＝福寿……总之，就是每一口下去，都是满满的福气。

一段春光老玉米

　　风干的老玉米穗，食用起来很不方便，但拿来做个食材小盆栽还是不错的。

　　自然成熟的果穗，发芽率非常高，只需要随意搭到水盆里，横着、竖着、斜着都行。接触水面的那部分玉米粒最先发芽，然后依次长满，过程非常有趣。

　　在耗尽玉米粒储存的营养之后，这片绿绿的小森林会慢慢衰败，我觉得这个过程是很有禅意的。

　　如果不想观赏到最后，也可以采食玉米幼叶，它的营养价值和大麦苗很相似，含有丰富的维生素和粗纤维。不过，类似吃草的感觉不太美好，玉米苗比大麦苗还要粗糙。所以，唯一口感尚可的食用方式，是混合其他蔬果打成青汁饮用。

从蔬菜中探寻生活之美

【园艺指南】

分享种菜吃菜的学问，传达诗意美好的生活艺术

【花艺美图】

菜的人生与花的姿态，创意插花呈现蔬菜之美

【本书配乐】

结合本书收听，为你的阅读时光更添一份悠闲

【生活艺术】

衣食住行里的小巧思助你打造精致生活

【交流社群】

交流田园生活的乐趣，分享生活之美

另外，还可扫码添加"智能阅读向导"获取：

☑ 本社优质书单

☑ 古代人与现代人的生活美学

建议配合二维码
一起使用本书